U0395274

格致方法·定量研究系列　吴晓刚　主编

现代稳健回归方法

〔加〕罗伯特·安德森（Robert Andersen）　著

李丁　译

SAGE Publications, Inc.

格致出版社　上海人民出版社

出版说明

　　由香港科技大学社会科学部吴晓刚教授主编的"格致方法·定量研究系列"丛书,精选了世界著名的 SAGE 出版社定量社会科学研究丛书,翻译成中文,起初集结成八册,于 2011 年出版。这套丛书自出版以来,受到广大读者特别是年轻一代社会科学工作者的热烈欢迎。为了给广大读者提供更多的方便和选择,该丛书经过修订和校正,于 2012 年以单行本的形式再次出版发行,共 37 本。我们衷心感谢广大读者的支持和建议。

　　随着与 SAGE 出版社合作的进一步深化,我们又从丛书中精选了三十多个品种,译成中文,以飨读者。丛书新增品种涵盖了更多的定量研究方法。我们希望本丛书单行本的继续出版能为推动国内社会科学定量研究的教学和研究作出一点贡献。

总　序

　　2003 年,我赴港工作,在香港科技大学社会科学部教授研究生的两门核心定量方法课程。香港科技大学社会科学部自创建以来,非常重视社会科学研究方法论的训练。我开设的第一门课"社会科学里的统计学"(Statistics for Social Science)为所有研究型硕士生和博士生的必修课,而第二门课"社会科学中的定量分析"为博士生的必修课(事实上,大部分硕士生在修完第一门课后都会继续选修第二门课)。我在讲授这两门课的时候,根据社会科学研究生的数理基础比较薄弱的特点,尽量避免复杂的数学公式推导,而用具体的例子,结合语言和图形,帮助学生理解统计的基本概念和模型。课程的重点放在如何应用定量分析模型研究社会实际问题上,即社会研究者主要为定量统计方法的"消费者"而非"生产者"。作为"消费者",学完这些课程后,我们一方面能够读懂、欣赏和评价别人在同行评议的刊物上发表的定量研究的文章;另一方面,也能在自己的研究中运用这些成熟的方法论技术。

　　上述两门课的内容,尽管在线性回归模型的内容上有少量重复,但各有侧重。"社会科学里的统计学"从介绍最基本的社会研究方法论和统计学原理开始,到多元线性回归模型结束,内容涵盖了描述性统计的基本方法、统计推论的原理、假设检验、列联表分析、方差和协方差分析、简单线性回归模型、多元线性回归模型,以及线性回归模型的假设和模型诊断。"社会科学中的定量分析"则介绍在经典线性回归模型的假设不成立的情况下的一些模型和方法,将重点放在因变量为定类数据的分析模型上,包括两分类的 logistic 回归模型、多分类 logistic 回归模型、定序 logistic 回归模型、条件 logistic 回归模型、多维列联表的对数线性和对数乘积模型、有关删节数据的模型、纵贯数据的分析模型,包括追踪研究和事件史的分析方法。这些模型在社会科学研究中有着更加广泛的应用。

修读过这些课程的香港科技大学的研究生,一直鼓励和支持我将两门课的讲稿结集出版,并帮助我将原来的英文课程讲稿译成了中文。但是,由于种种原因,这两本书拖了多年还没有完成。世界著名的出版社 SAGE 的"定量社会科学研究"丛书闻名遐迩,每本书都写得通俗易懂,与我的教学理念是相通的。当格致出版社向我提出从这套丛书中精选一批翻译,以飨中文读者时,我非常支持这个想法,因为这从某种程度上弥补了我的教科书未能出版的遗憾。

翻译是一件吃力不讨好的事。不但要有对中英文两种语言的精准把握能力,还要有对实质内容有较深的理解能力,而这套丛书涵盖的又恰恰是社会科学中技术性非常强的内容,只有语言能力是远远不能胜任的。在短短的一年时间里,我们组织了来自中国内地及香港、台湾地区的二十几位研究生参与了这项工程,他们当时大部分是香港科技大学的硕士和博士研究生,受过严格的社会科学统计方法的训练,也有来自美国等地对定量研究感兴趣的博士研究生。他们是香港科技大学社会科学部博士研究生蒋勤、李骏、盛智明、叶华、张卓妮、郑冰岛,硕士研究生贺光烨、李兰、林毓玲、肖东亮、辛济云、於嘉、余珊珊,应用社会经济研究中心研究员李俊秀;香港大学教育学院博士研究生洪岩璧;北京大学社会学系博士研究生李丁、赵亮员;中国人民大学人口学系讲师巫锡炜;中国台湾"中央"研究院社会学所助理研究员林宗弘;南京师范大学心理学系副教授陈陈;美国北卡罗来纳大学教堂山分校社会学系博士候选人姜念涛;美国加州大学洛杉矶分校社会学系博士研究生宋曦;哈佛大学社会学系博士研究生郭茂灿和周韵。

　　参与这项工作的许多译者目前都已经毕业,大多成为中国内地以及香港、台湾等地区高校和研究机构定量社会科学方法教学和研究的骨干。不少译者反映,翻译工作本身也是他们学习相关定量方法的有效途径。鉴于此,当格致出版社和 SAGE 出版社决定在"格致方法·定量研究系列"丛书中推出另外一批新品种时,香港科技大学社会科学部的研究生仍然是主要力量。特别值得一提的是,香港科技大学应用社会经济研究中心与上海大学社会学院自 2012 年夏季开始,在上海(夏季)和广州南沙(冬季)联合举办《应用社会科学研究方法研修班》,至今已经成功举办三届。研修课程设计体现"化整为零、循序渐进、中文教学、学以致用"的方针,吸引了一大批有志于从事定量社会科学研究的博士生和青年学者。他们中的不少人也参与了翻译和校对的工作。他们在繁忙的学习和研究之余,历经近两年的时间,完成了三十多本新书的翻译任务,使得"格致方法·定量研究系列"丛书更加丰富和完善。他们是:东南大学社会学系副教授洪岩璧,香港科技大学社会科学部博士研究生贺光烨、李忠路、王佳、王彦蓉、许多多,硕士研究生范新光、缪佳、武玲蔚、臧晓露、曾东林,原硕士研究生李兰,密歇根大学社会学系博士研究生王骁,纽约大学社会学系博士研究生温芳琪,牛津大学社会学系研究生周穆之,上海大学社会学院博士研究生陈伟等。

　　陈伟、范新光、贺光烨、洪岩璧、李忠路、缪佳、王佳、武玲蔚、许多多、曾东林、周穆之,以及香港科技大学社会科学部硕士研究生陈佳莹,上海大学社会学院硕士研究生梁海祥还协助主编做了大量的审校工作。格致出版社编辑高璇不遗余力地推动本丛书的继续出版,并且在这个过程中表现出极大的耐心和高度的专业精神。对他们付出的劳动,我在此致以诚挚的谢意。当然,每本书因本身内容和译者的行文风格有所差异,校对未免挂一漏万,术语的标准译法方面还有很大的改进空间。我们欢迎广大读者提出建设性的批评和建议,以便再版时修订。

　　我们希望本丛书的持续出版,能为进一步提升国内社会科学定量教学和研究水平作出一点贡献。

吴晓刚
于香港九龙清水湾

目 录

序

1886 年，弗朗西斯·高尔顿（Francis Galton）发表了题为
"遗传身高向普通回归"（Regression Towads Mediocrity in
Hereditary Stature）的开创性文章，从而开启了今天我们所知
的线性回归统计方法的发展历程。通过分析 205 对父母及
928 个小孩的数据，高尔顿发现，相对较高或较矮的父母生养
的小孩倾向于不是那么高或那么矮，这一特征被统计术语概
括为"向均值回归"。

为了演示回归是如何处理此类身高数据的，我使用了一
套相似但只有一个性别的数据，这应归功于高尔顿的学生卡
尔·皮尔森（Karl Pearson）。下图标绘出了 1078 对父子的身
高状况（单位是英寸），数据用小圈点表示，它们明显地遵循
一种线性趋势，刻画出向均值（等于 45 英寸）回归的现象。

在本图中，我拟合了一条回归直线，用实线表示，斜率估
计值为 0.514，由一般最小二乘估计得到（这一估计及以后其
他估计的双尾检验都比常规的 0.001 水平显著得多，因此这
里就不报告了）。不管以谁的标准来看，这一数据的表现都
很不错。不过，即使是在这一表现良好的数据里面，有些案

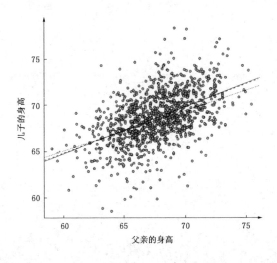

例也比其他的更异常：我们很快就可看到图中右上角及左下区的某些案例离其他围绕在直线周边的大多数案例更远。如果这些案例太过极端，我们就可以从下列标准的快速"处理办法"中选择一个：从分析中剔除这些案例、重新编码（如果存在编码错误的话），以及在分析中纳入更多新变量。但如果没有处理这些异常（或不那么异常）案例的合理可用的解决办法，数据分析者该怎么办呢？这正是稳健及耐抗性回归方法（robust and resistant regression method）派得上用场的地方。

为了展示稳健回归，我对上述数据拟合了另外两条直线（使用的是 R 软件里的 MASS 数据包），虚线表示的是用 MM 估计量（MM-estimator）估计得到的稳健回归线（斜率估计值 = 0.502），点线表示的是通过将分位残差平方最小化（minimization of quantile squared residuals）的耐抗性回归估计（估计过程中分位残差最大的案例被忽略）得到的直线（斜

率 = 0.442)。可以看到,使用 MM 估计量得到的稳健回归结果,其斜率只比 OLS 回归的稍小。不过,耐抗性回归得到的估计结果差别更大,所得出的结论表现出更严重的向均值的回归。由安德森撰写的这本著作的焦点在于有效性(validity)的(而非效率的)稳健,它将帮助社会科学研究者理解这些方法,并学到稳健回归的原理及应用方法。

在社会科学中,现代稳健及耐抗性回归方法还不太为人所知。这些方法之所以被称为"现代方法",是因为它们通常属于密集型计算(computation intensive),这是当前很多依赖今天的高速电脑的统计方法的一个特征。本书(尤其是其中关于回归方法的那些章节)在主要统计软件如 SAS 和 Stata 已经采用这些最新回归方法的情况下是非常及时的。本书通过一套统一的符号系统介绍了不同来源的多种稳健回归方法以及它们彼此之间的联系,这正是本书的杰出贡献之一。为了给读者们一些实际应用上的帮助,本书也讨论了不同方法的相对优势和不足。通过一本这样的书,社会科学专业的学生及研究者最终会发现这些新的回归方法和经典回归方法一样平常和容易使用。

廖福挺

第 *1* 章

导　论

在定量社会科学中，回归分析是统计方法的主要干将。大量的问题都是由线性模型或者广义线性模型(generalized linear model)解决的。只要被恰当使用，回归估计就能为数据里的关系提供有效而简洁的概括。但如果盲目而机械地使用，回归分析也会导致错误的结论。异常观察案例的存在就是引起担心的原因之一，它们有时足以严重扭曲由一般最小二乘(OLS)回归所估计的结果，哪怕数据集很大。异常观察值也能对广义线性模型造成破坏性的损害，虽然这不是很常见。这进一步强化了发现并恰当地处理回归分析中的特异值/异常值(outlier)的重要意义。

将"现代"回归方法，如非参数回归，作为诊断工具整合进一般线性模型及广义线性模型的框架有很多好处(参见Cook & Weisberg, 1999；Fox, 1997；Hastie, Tibshirani & Friedman 2001)。这些方法之所以被称为"现代方法"，是因为它们依赖密集计算，即在拟合大量回归的基础上计算出最终估计结果，它们能够揭示出只使用OLS估计时常常难以发现的大量问题——尤其是非线性问题，当然也包括其他残差方面的问题。只是在个人电脑运算速度已经极大提高的最近这段时间，社会统计学家才意识到这些方法的好处。

稳健回归（robust regression）是另一套接近密集计算型的现代技术。当我们面对特异值束手无策时——也就是说，它们不能被重新编码，也无法通过进行形式变换或在模型中纳入新因素的方式得到处理时，稳健回归就是 OLS 回归之外的合适选择。很多类型的稳健回归有着共同的目标，即提供不受特异值或偏态残差分布影响的无偏估计。这些方法最令人满意的地方在于，当误差项服从正态分布时，它们也会努力提供具有相对效率的估计。稳健回归技术至少还能作为探测潜在问题案例的有用的诊断工具（diagnostic tool）。

虽然稳健回归在社会科学中应用不广泛，但统计学家已经知道它的优点几十年了，并且一直在发展新的方法。最近，有几本出色的专著面向统计学家们讨论了这些方法（参见 Atkinson & Riani，2000；Lawrence & Arthur，1990；Myers，1990；Maronna，Martin & Yohai，2006；Wilcox，2005）。不过，除了一些关于稳健回归的一般性讨论文章外（如 Western，1995；Dietz，Frey & Kaloff，1987；Wu，1985），社会科学研究还很难找到一本对于众多不同稳健回归的差异进行探讨的专著。而您面前的这本书正试图改变这一状况。

本书试图讨论各种用来探测及恰当处理回归分析中的"权势案例"（influential cases）[①] 的方法。第 2 章将界定一些对于理解估计的稳健性至关重要的术语。由于位置与尺度的各种测度，构成了稳健回归技术的基础，因此这一章也对

① 由于"影响"的汉语词义限制，在本书中表示观察案例对回归估计影响的 influence 或 influential 被互译为"权势""影响"或"影响力"等，以使不同表达更为顺畅。——译者注

它们进行了讨论。第 3 章列出了异常观察案例及偏态分布影响 OLS 估计的不同方式。同时也简要介绍了一般线性回归中探测权势案例的一些传统技术——包括正式的统计检验和绘图法（graphical methods）。第 4 章讨论了各种线性模型稳健回归方法及其限制。第 5 章则讨论了稳健回归估计的标准误，主要集中在自助法（bootstrapping）上。第 6 章简要描述了广义线性模型和在这种模型中探测异常观察案例的几种诊断法。更重要的是，这一章将稳健回归方法扩展到了广义线性模型。第 7 章将对全书进行总结，并给出如何处理异常观察值的一些一般建议。最后，附录部分对常用电脑统计软件中的稳健回归工具进行了总结。

全书的编排始终考虑到实际的研究过程：一旦我们建立起某个模型以检验自己的假设，那么怎样做才能确保不会出现问题案例而使得我们的推论和检验变得不准确呢？再有，如果此类问题案例真的存在，我们该如何处理呢？在解答这些大问题之前，对稳健性——更确切地讲，强健（robust）且耐抗（resistant）的回归——的一般概念进行定义，并为本书提供一个具有启发性的真实案例非常重要。

第 1 节 | 何为"稳健"?

如休伯（Huber，2004：1）所言，"'稳健'（robustness）一词负载了很多有时并不完全一致的含义"。尽管如此，一般都认为对一个估计量（estimator）进行评价时，需要考虑两种类型的稳健性。这些是由莫斯特勒和图基（Mosteller & Tukey，1977：203—209）总结的，他们认为一个稳健的估计量必须满足两个条件：(1)数据的微小改动将不会造成估计的剧烈变化；(2)在各种情况下该估计都具有高效率。第一个条件反映的是估计量抵抗特异值干扰的抗扰性/耐抗性（resistance），可以被看做效度的稳健性（robustness of validity）。换句话说，该估计量为数据的主体部分提供了有效的估计。第二个条件与潜在的分布假定（underlying distributional assumption）有关，可以被当做效率的稳健性（robustness of efficiency）。这一条件意味着，估计量的分布假定未被满足对其精度影响很小（换言之，对其标准误的影响很小）。

本书主要关注效度的稳健性，也就是说，一个估计量在遇到异常观察值时保持不变的水平。当然，也会讨论效率的稳健性，尽管对于一个稳健估计量来讲，它只被看做一个第二位的标准。因此，在描述了估计量效度上的稳健性后，我们将会对其效率进行一定的讨论。必须澄清的是,尽管有偏分布(skewed distribution)和特异值/离群点在概念上存在差异,但二者对于一个估计量可以造成类似的后果,不管是效度上的稳健性还是效率上的稳健性。不过,本书主要讨论的还是特异值的影响。简言之,本书对试图抑制异常观察案例影响的多种估计量的稳健性进行了比较。从这个意义上讲,抗扰性和稳健性在本书中被当做同义词使用——它们都被用来指示单个观察案例对估计量的影响程度。

第 2 节 ｜ 稳健回归的定义

　　并不奇怪的是，对于回归分析而言，"稳健"也负载着很多含义。含义之一与所谓的"稳健标准误"（robust standard errors）相关，后者常被用来处理某些模式的异方差问题（heteroscedasticity）或误差相关（error dependency）问题。这一含义虽然很有用，但并不适合本书关于稳健回归的界定。前面已经说过，本书讨论的是各种专门试图适应（说得更好点，减轻）异常观察案例（影响）的方法。就这一点而言，稳健回归有两种定义与此直接相关。

　　第一种将所有明确适应重尾型误差分布（heavy-tailed error distributions）及特异值的回归模型都叫做稳健回归模型。第二种区分了稳健回归（robust regression）和耐抗回归（resistant regression）。根据这种定义，稳健回归技术同时与效度的稳健性及效率的稳健性相关。这些技术用的是来自所有观察案例的信息，但赋予那些高度异常案例的权重较轻。很多稳健回归都考虑了残差异常值、自变量上的特异值（杠杆效应，leverage），或者两者的组合。这些方法中的大多数都能给出有效率的估计，不管误差分布是重尾分布还是正态分布。

　　相反，通常被称为耐抗回归的方法一般很少考虑效率问题。这些方法的主要目标在于,防止异常观察值剧烈影响回归斜率的取值。它们不仅降低了异常观察案例的权重,并且经常设立一定的标准,以将特异案例完全剔除出分析。

人们通常还会将稳健回归区分为崩溃点/失效点高的(with a high breakdown point)与崩溃点低的(with a low breakdown point)。另外一种分类方式是根据模型是否存在有界限的影响(bounded influence)进行的。这些概念将在第2章中详细定义。就目前而言,只要知道一个非常稳健的估计量应该具备受限制的影响和高崩溃点就够了。这些区别曾经非常重要,不过最新发展的稳健回归已经将高崩溃点和有限影响结合起来了。

因此,就本书的目的而言,稳健回归被宽泛地定义为任何限制特异值对回归估计造成过分影响的回归。因此,这些不同的回归技术不会被分为"稳健"类或"耐抗"类。相反,本书正是从各种方法对已有方法做了怎样的发展这一角度来对它们进行探索的,当然,上述所有标准在各种方法的讨论中都会涉及。

第 3 节 | 一个真实的例子:20 世纪 70 年代已婚夫妇的性生活频率

　　也许大家都知道,异常观察案例在小样本情况下会给回归估计带来问题,而且这一点从直观上就能理解。如果 n 很小,用以平衡高度异常案例的个案就少。相反,数据很大时,异常案例要严重改变回归平面会难很多,因为有大量观察案例可以平衡它们。以简单回归为例,我们知道,回归直线是通过将残差平方和 $\sum e_i^2$ 最小化而得到的,其中 e_i 即 y_i 的观测值与回归直线预测值 $\hat{y}_i$ 之差($e_i = y_i - \hat{y}_i$)。如果在几千个观测值中只有一个极端值,那它要想将回归直线拉向自己非常困难,因为还有如此众多的与之对抗的残差需要维持在很小的规模。当然,这并不是说异常案例在大数据中不能对回归估计造成严重破坏。下面的例子就能很好地说明它们如何可能造成此种影响。

　　加索(Jasso,1985)使用全国生育调查(National Fertility Studies)跟踪数据(panel data)研究了在控制队列效应的情况下,年龄与时期对 1970—1975 年期间已婚夫妇每月性生活频率的影响。她的主要发现为:(1)在控制了队列和年龄效应后,月经周期影响为负;(2)控制月经周期和队列效应后,妻子的年龄有着正向作用。这些发现与以往的研究结论大不相同,因此,文章顺理成章在《美国社会学评论》(*American Sociology Review*)发表了。

值得赞扬的是,加索对她所用的方法讨论得非常清楚,因此其他研究者可以重现她的结果。卡恩和尤德利(Kahn & Udry, 1986)正好做了这样的重现工作,并对加索的原初分析提出了几点疑虑。首先,他们认为有四个案例似乎被错误地编码成了 88。他们认为这些取值实际上应该被编码为 99,而这在该数据集中是缺失信息的赋值。他们得出这一结论是因为没有其他的受访者报告过超过 63 的取值,且 99.5% 的观测值小于 40。其次,通过使用模型诊断技术,卡恩和尤德利还发现了另外四个特异值。这四名受访者在前一轮调查中报告的次数要少得多,这意味着这些特异案例并不典型,可以正当地从模型中移除。最后,他们认为加索没有加入婚龄长度与妻子年龄之间的交互项。卡恩和尤德利对这一数据的再分析——刨除了这八个特异值(从超过 2000 个案例的样本中)并加上交互项——完全改变了原来的结论。如表 1.1 所示,在特异值被移除后,加索的新发现看起来就远远没有那么重要了。更具体地说,妻子的年龄(考虑到非线性模式的存在,已经取了对数)在标准水平上已经不再统计显著了。

加索在她的回应(Jasso, 1986)中认为,卡恩和尤德利的分析将产生"样本删截偏差"(sample truncation bias)的新问题。她表示,通过移除极端值,卡恩和尤德利人为地将因变量局限在了其值域的一个小片段内。她反对这一做法,并主张研究者不应该因为异常观察案例未能服从一己信念就将

表 1.1　性生活频率的决定因素

	模型 1	模型 2	模型 3	模型 4
月经周期	-0.72^{***}	-0.67^{***}	-3.06^{**}	-0.08
妻子年龄的对数	27.61^{**}	13.56	29.49	-1.62
丈夫年龄的对数	-6.43	7.87	57.89	-5.23
婚龄长度的对数	-1.50^{***}	-1.56^{***}	-1.51^{*}	1.29
妻子怀孕状况	-3.71	-3.74^{***}	-2.88^{***}	-3.95^{*}
有六岁以下小孩	-0.56^{**}	-0.68^{***}	-2.91^{***}	-0.55^{**}
妻子处在在职状态	0.37	0.23	0.86	0.02
丈夫处于在职状态	-1.28^{**}	-1.10^{**}	-4.11^{***}	-0.38
R^2	0.0475	0.0612	0.2172	0.0411
n	2062	2055	243	1812

注：$^*p < 0.05$；$^{**}p < 0.01$；$^{***}p < 0.001$。
　　模型 1：加索的原始分析；模型 2：四个"错编"案例和另外四个特异值移除后；模型 3：婚龄小于或等于两年（已排除错编及极端案例）；模型 4：婚龄大于两年（已排除错编及极端案例）。
资料来源：引自 Kahn & Udry, 1986：表 1。

它们从样本中移除。她还表示，对于一个大规模的全国性随机样本来说，选出几个差异较大的观察案例是完全可能的，因为根据文化和地区的不同，夫妻性生活频率的差异很大。

　　这个例子向我们说明了三个要点：第一，它展示了通过使用诊断工具发现潜在问题案例所具有的价值；第二，它展示了在大样本中极端值是如何影响回归估计的；第三，其中的争论说明并不存在被普遍接受的异常案例处理办法。发现存在权势案例后，决定采取何种动作，必须有丰富的知识作为基础。换言之，研究者必须凭借自己的判断力作出决定。至于这个具体的例子，我把决定哪一种特异值处理方式最好的机会留给那些在这个话题上实际知识更加丰富的人。

就本书的目的而言,上面的讨论已经足够了,它充分地说明:即使是在一个超过 2000 个案例的样本中,仅仅只有八个特异值就能如此剧烈地改变研究的结果。如果有人认定这些案例不宜忽视,那他也可以像卡恩和尤德利一样直接移除它们,或者采用稳健回归。

第 2 章

重要背景

接下来我们讨论对于评估一个估计量的稳健性非常重要的各种概念。在此，偏差（bias）、一致性（consistency）、崩溃点/失效点（breakdown point）以及影响函数（influence function）等概念将会被定义，而且这些概念将自始至终贯穿全书。

第 1 节 │ **偏差与一致性**

假定样本 Z 有 n 个案例。令 $T_n(Z_1, \cdots, Z_n)$ 为参数 θ 的一个估计量,且其概率分布为 P。换句话说,将 T 运用于 Z 即得到总体参数的估计值:

$$T(Z) = \hat{\theta} \qquad [2.1]$$

一个无偏估计量需满足:

$$E[T(Z)] = E(\hat{\theta}) = \theta \qquad [2.2]$$

也就是说,无偏统计量的平均值等于总体的参数。由此可以推出,一个估计量 $T(Z) = \hat{\theta}$ 的偏差通过下式可以得到:

$$\text{bias } E[T(Z) - \theta] \qquad [2.3]$$

选用一个"最好"的统计量,无偏性无疑非常重要,但一致性也需要考虑。如果随着样本规模增大,估计量 $\hat{\theta}$ 向 θ 收敛,那它就具备一致性。我们也可从均方误(Mean Squared Error, MSE)的角度来理解估计量的一致性。就此而言,满足如下条件的 $\hat{\theta}$ 就具备一致性:

$$\lim_{n \to \infty} \text{MSE}(\hat{\theta}) = 0 \qquad [2.4]$$

第 2 节 | **崩溃点/失效点**

崩溃点(Breakdown Point，BDP)[1]是一种估计量的抗异常值干扰能力的全局性测度(global measure of the resistance)。准确地讲，它是一个估计量在不产生任意结果(arbitrary result)的前提下能够容忍的离群案例(如特异值或聚集在分布尾端尽头的案例)的最小分量或百分比(Hampel，1974；Huber，2004)。假定所有的可能"破败"(corrupted)样本——其中有 m 个观察案例被替换为任意值(即不符合数据一般趋势的观察案例)——为 Z'。那么，由这种替换所可能造成的最大影响[2]是：

$$\text{effect}(m;\, T,\, Z) = \overset{\text{sup}}{Z'} \parallel T(Z') - T(Z) \parallel \qquad [2.5]$$

其中上确界(supremum)是所有可能的 Z' 样本数。如果 $\text{effect}(m;\, T,\, Z)$ 无限，那么这 m 个特异值对 T 有任意大的影响。换句话说，该估计量"崩溃"了，不能充分代表数据主体部分的模式。更一般地讲，一个有限样本 Z 的估计量 T 的崩溃点是这样定义的：

$$BDP(T,\, Z) = \min\left\{\frac{m}{n} : \text{effect}(m;\, T,\, Z) \text{ 无限}\right\}$$

$$[2.6]$$

一个估计量最高的可能崩溃点是 50％，也就是说多达一半的观察案例可以被忽视。高于 0.5 的崩溃点是不可取的，因为它意味着该估计量仅仅与一小部分数据相关。

稳健估计量的目标在于充分地把握数据的主体模式。换句话说，崩溃点大于零就算一种好的属性。实际上，汉普尔等人（Hampel et al., 1986）认为，一个数据集通常会有多达 10％ 的案例偏离数据主体部分所具有的一般模式，这意味着稳健估计量的崩溃点至少要达到 10％。不过，后面我们即将看到，有些最早提出的稳健回归估计量的崩溃点为 0 或者非常接近于 0。

第 3 节 | 影响函数

　　估计量的影响函数最先由汉普尔（Hampel，1974；又见
Hoaglin，Mosteller & Tukey，1983:350—358；Jurečková &
Picek，2006:27—32）提出，它衡量的是对估计量 T 的理论假
定分布 F 造成污染的单个观察案例 y_i 的影响。换句话说，
如果崩溃点衡量的是全局稳健性（global robustness），那么影
响函数（IF）衡量的就是局部抗扰性（local resistance），更确
切地讲，对估计量的极微小扰动（infinitesimal perturba-
tions）。影响函数通常也被称为影响曲线（infuence curve，从
单个样本来看，又称为灵敏度曲线，即 sensitivity curve），估
计量 T 的影响函数是这样定义的：

$$IF(Y,\ F,\ T) = \lim_{\lambda \to 0} \frac{T[(1-\lambda)F + \lambda\delta_y] - T(F)}{\lambda} \quad [2.7]$$

其中 δ_y 是在 y 点（即在 y，或者 0 点）的概率质量为 λ 的污染
度。换言之，λ 给出了在 y 点的污染比例。简单地讲，IF 表
示在 y 点增加任意特异值所引起的估计量的变化，这一变化
经过了损害比例标准化。

　　有界的影响函数（bounded influence function）是稳健估
计量应该具备的属性之一，因为它意味着一个案例的影响最
多也就达到该高度。一个没有限制/边界的影响函数允许

"被污染"观察值的影响持续增长，不管它们有多么异常。也就是说，偏差值的影响根本没有界限。后面我们将会看到，OLS 回归的影响函数是没有边界的，且与残差的大小成比例，这意味着偏差极大的残差能够完全毁坏 OLS 估计量。很多早期稳健回归方法的影响函数也是没有边界的，结果其抗扰性有时并没有 OLS 好。不过，今天所用的大多数稳健回归都具有高崩溃点和有界影响函数。

第 4 节 | 相对效率

　　另一个对于理解稳健估计非常重要的概念是效率。如果目标是要从样本数据来对一个更大的总体进行推论，那么我们就需要有一个效率尽可能高的无偏统计量。从严格意义上讲，估计量的效率取决于它可能的最小方差与实际方差的比率。只有当这一比率等于 1 时——也就是说，当它的方差等于可能的最小方差时，一个估计才被认为是有效率的。[3]如果一个估计量能够在大样本时达到有效率，就被认为是渐近有效率的（asymptotically efficient）。更一般地讲，抽样方差相对较小，从而标准误也较小的估计量被认为是高效率的。由此可以推知，有些估计量会比另外一些效率更高，因此，相对效率（relative efficiency）的概念在对各种估计量进行评估比较时非常有用。

　　对于大多数种类的估计，总会有一个估计量在一定的假定条件下效率最高。我们可以用这个估计量作为比较其他估计量的效率的标准。假定对于总体参数 θ 我们有两个估计量 T_1 和 T_2。如果 T_1 的效率最高，T_2 较差，那么 T_1 的均方误将相对较小。T_2 的相对效率由它的均方误与 T_1 的均方误的比率决定：

$$\text{Efficiency}(T_1, T_2) = \frac{E[(T_2 - \theta)^2]}{E[(T_1 - \theta)^2]} \qquad [2.8]$$

　　如果线性假定(linearity)、误差方差恒定(constant error variance)及误差项独立(uncorrelated errors)这几个假定都满足的话,那么 OLS 估计就是最有效率的无偏线性估计。因此,稳健估计量的相对效率就是通过在这些条件下与 OLS 估计量进行比较得到的。尽管在这些条件下没有哪个稳健回归估计的效率比 OLS 回归更高,但是一些估计量不仅具有极其相近的效率,而且同时具备抵抗特异值干扰的良好属性。不过,稳健回归估计的相对效率必须被小心地对待,因为通常所评定的效率仅仅是渐近效率而已(Ryan,1997:354)。也就是说,相对效率只有在样本规模足够大时才有意义。多数稳健估计量在样本规模很小时的属性尚不太清楚,因此,在这种情况下,人们通常会使用自助法来获得标准误。

第 5 节 | 位置测度／位置量数

尽管存在各种各样的回归，但它们通过自变量来预测因变量的条件取值时，都考虑了反应变量本身位置及尺度的测度。例如，OLS 就是从一个或多个自变量 x 来估计因变量 y 的条件均值的。由于 OLS 建立在不具有抗特异值干扰能力的平均值基础上，因此它的估计同样会被特异值影响。类似的，来自广义线性模型（generalized linear models）的估计也不能完全抵抗特异值干扰，因为它们估计的是某种线性预测值（linear predictor）的条件均值。稳健回归方法依赖于更稳健的位置和（或）尺度测度。因此，在探讨运用了这些位置和尺度测度的回归技术之前，对这些测度本身进行讨论会有好处。

位置的测度即对分布中的某个位置进行刻画的量。最典型的，对分布中心的测量就非常重要，当然其他位置测度（如，分位数）也可以被考虑。假定随机变量 Y 的分布为 F。如果对于任意常量 a 和 b，估计量 $\theta(Y)$ 满足下面四个条件[4]，那它就是 F 的位置测度之一（Wilcox，2005：20—21）：

a. $\theta(Y+a) = \theta(Y) + a$

b. $\theta(-Y) = -\theta(Y)$

c. $Y \geqslant \theta$ 意味着 $\theta(Y) \geqslant 0$

d. $\theta(bY) = b\theta(Y)$

条件 a 要求所有的 Y 值都加上一个常量后,位置测度将增加同样的量,这被称为位置同变性(location equivariance)。条件 a、b、c 合在一起,要求该测度的取值在 Y 的值域范围内。而条件 d 意味着该测量需具有尺度同变性(scale equivariance)。换句话说,如果所有 Y 值都乘以一个特定的值(换言之,尺度发生变化),那么位置的测度也会发生同等比例的变化。

均值

最常见的位置测度就是均值。假设有独立观察值 y_i 和一个估计总体分布中心 μ 的简单模型:

$$y_i = \mu + e_i \qquad [2.9]$$

其中 e_i 代表残差。如果潜在分布为正态分布,那么样本均值是效率最高的 μ 的估计量,得到的拟合模型为:

$$y_i = \bar{y} + e_i \qquad [2.10]$$

尽管均值使用非常广泛(包括在 OLS 回归中),但它并不是一个稳健的位置测度。如果该分布为重尾分布或者存在特异值,那均值比其他很多中心测度(mearsures of center)的效率都低,更重要的是,(这种情况下)它经常具有误导性。哪怕只增加一个被严重错误编码的案例,都能改变它的估计。

试看下面五个 y 变量的观察值:

$$y_1 = 3 \quad y_2 = 3 \quad y_3 = 4 \quad y_4 = 5 \quad y_5 = 5$$

通过使用大家都知道的样本均值计算方程 $\bar{y} =$

$\frac{1}{n}\sum_{i=1}^{n} y_i$，可得到 $\bar{y} = 4$。现在将其中的一个观察值，比如 y_3，替换为一个"坏"值（假定它是错误编码值），得到各 y 值如下：

$$y_1 = 3 \quad y_2 = 3 \quad y_3 = 44 \quad y_4 = 5 \quad y_5 = 5$$

对于这一新数据而言，$\bar{y} = (3+3+44+5+5)/5 = 12$。这一均值被严重地拉向特异值，它是特异值被排除时的 3 倍。实际上，这个"被污染"均值比"坏"观测值之外的任何观察值都要大很多。

因为仅仅一个观察案例就可以使得均值崩溃失效，因此它的崩溃点是 $BDP = \frac{1}{n}$，当 n 很大时，这个取值在效果上相当于是 0。同样成问题的是，每个案例对均值的影响与 y 的大小成比例。而均值是通过将最小二乘目标方程（least squares objective function）最小化得到的：

$$\sum_{i=1}^{n} (y_i - \hat{\mu})^2 = 0 \qquad [2.11]$$

对 y 求导得到影响函数如下：

$$IF_{\bar{y}}(y) = 2y \qquad [2.12]$$

显然，这对一个并非"表现很好"（well behaved）（即带特异值或长尾）的数据来说，不是什么好的属性。

消除特异值对于均值造成影响的策略之一是使用一种两步程序（two-step procedure）：先将特异值甄别出来，然后在计算均值前将它们删掉。汉普尔（Hampel, 1974）认为：使用一种稳健的位置测度往往比两步法更好。换言之，很多估计量比均值更加稳健。

α-截尾均值

一个相对稳健的中心测量(measure of center)是截尾均值(trimmed mean),这种均值通过删除分布尾端的观察值来降低特异值或重尾的影响。令 y_1, …, y_n 表示来自一个随机样本的某变量的观察值。我们先将 y 值从小到大顺序排列:$y(1) \leqslant y(2) \leqslant \cdots \leqslant y(n)$,并确定需要截除的量 $0 < \alpha < 0.5$,然后用排除了 $g(g = [\alpha n])$ 个最大值和最小值后的观察值计算出平均值,其中[αn]取整为最近的整数值。截尾均值的计算方程可写成[5]:

$$y_t = \frac{y_{(g+1)} + \cdots + y_{(n-g)}}{n - 2g} \qquad [2.13]$$

截尾均值的崩溃点取决于剪除量,因此 $BDP = \alpha$。一种简单的拇指法则是从分布的每个尾端各移除 10% 的观察案例(即设 $\alpha = 0.2$)。莱杰和罗马诺(Leger & Romano,1990)进一步建议分别计算 $\alpha = 0, 0.1$ 及 0.2 时的均值,并从中选出标准误最小的那个值作为最终的计算值。剪除量同样决定着影响函数。与均值不同,截尾均值的影响(函数)是有界的,尽管在 y_α 和 $y_{1-\alpha}$ 处有着明显的增长。[6] 它的影响函数可以写成:

$$IF_{\bar{y}_t}(y) = \begin{cases} \dfrac{y_\alpha - \hat{\mu}_t}{1 - 2\alpha} & \text{当 } y < y_\alpha \text{ 时} \\[2mm] \dfrac{y - \hat{\mu}_t}{1 - 2\alpha} & \text{当 } y_\alpha \leqslant y \leqslant y_{1-\alpha} \text{ 时} \\[2mm] \dfrac{y_{1-\alpha} - \hat{\mu}_t}{1 - 2\alpha} & \text{当 } y > y_{1-\alpha} \text{ 时} \end{cases}$$

$$[2.14]$$

其中 $\hat{\mu}_t$ 为截尾均值(Wilcox, 2005:29)。截尾均值的相对效率取决于分布情况。如果分布是正态的而裁剪过量,那么精度会降低,因为它会导致相对于较小的 n 来说太大的宽度,进而扩大了对抽样分布宽度(即标准误)的估计。相反,如果该分布带有重尾或特异值,截尾能够提高效率,因为 y 的方差——进而其均值的抽样分布的方差——减小了。究竟截尾占多大比例,只有在对分布做了仔细检查之后才能决定。

中位数

中位数 M,即把数据从小到大排列时出现在中间位置的 y 的取值。要找到中位数,首先得将观察值按照从小到大的顺序排列 $y(1) \leqslant y(2) \leqslant \cdots \leqslant y(n)$。中位数即:

$M = y_{((n+1)/2)}$(当 n 是奇数时)

$M = 0.5y_{(n/2)} + 0.5y_{(n/2+1)}$(当 n 是偶数时)

同样,中位数也得最小化目标函数的绝对值:

$$\sum_{i=1}^{n} |y_i - \hat{\mu}| = 0 \qquad [2.15]$$

取方程 2.15 的导数,即得到影响函数的形状:

$$IF_M(y) = \begin{cases} 1 & \text{当 } y > 0 \text{ 时} \\ 0 & \text{当 } y = 0 \text{ 时} \\ -1 & \text{当 } y < 0 \text{ 时} \end{cases} \qquad [2.16]$$

如这一受限的影响函数所示,中位数对特异值有着高度耐抗性。它的稳健性从它的 $BDP = 0.5$ 也能反映出来。中位数的不足之处在于,当分布为正态分布时它的效率要比均值低。在这种情况下,均值的抽样方差是 δ^2/n,而中位数的抽样方差是 $\pi\delta^2/2n$,是前者的 $\pi/2 = 1.57$ 倍。

第 6 节 │ 尺度测度

令 Y 代表一个随机变量。所谓尺度测度,是满足下列条件的任意非负函数 $\tau(Y)$(Wilcox, 2005:34)[7]:

a. 该测量是尺度同变(scale equivariant)的,意即 $\tau(aY) = a\tau(Y)$,其中 a 是大于 0 的任意常数。

b. 该测量是位置不变(location invariant)的,意即 $\tau(Y+b) = \tau(Y)$,其中 b 是常数。

c. 该测量是符号不变(sign invariant)的, $\tau(Y) = \tau(-Y)$。

尺度测度实在太多,无法在这里全部囊括进来,因此,我们集中讨论那些与稳健回归最相关的测度。我们将主要探讨特异值如何影响尺度估计的大小,而很少关注效率问题。关于后者的更多讨论请看相关研究(Wilcox, 2005)。

标准差

使用最多的尺度测度是标准差 s,它是这样定义的:

$$s_y = \sqrt{\frac{\sum_{i=1}^{n}(y_i - \bar{y})^2}{n-1}} \qquad [2.17]$$

如果 y 的分布是正态的,这就是一个最合适的尺度测度,因为它具有极高的效率。但是,标准差在重尾分布或者带有特异值的分布面前并不稳健。因为它是基于均值的(后者的影响函数没有上限且崩溃点为 0),标准差继承了这些特性。因此,稳健回归技术通常使用其他尺度测度。

平均离差

相对于均值的平均离差(Mean Deviation from the Mean, MD)有时被简称为平均离差,它是这样定义的:

$$MD = \frac{\sum_{i=1}^{n}|y_i - \bar{y}|}{n} \qquad [2.18]$$

当 y 的分布带有长尾时,与标准差相比,MD 具有相对效率,但它仍然具有崩溃点为 0 以及影响函数没有界限的不良性质。尽管在一些早期稳健回归技术中很重要,但是在目前存在众多更为稳健的尺度测量的情况下,MD 一般被认为已经过时了。

相对于中位数的平均离差

相对于中位数的平均离差(Mean Deviation from the Median, MDM)在稳健性上要比 MD 有所改进。MDM 不是计算 y 与均值的绝对差异,而是计算它们与中位数 M 的绝对距

离,结果为:

$$MDM = \frac{\sum_{i=1}^{n} |y_i - M|}{n} \qquad [2.19]$$

尽管 MDM 使用的是中位数,但它仍然依赖平均离差,因此它的崩溃点 $BDP = 0$ 而且影响函数没有界限(具体请参见 Wilcox,2005:35)。也就是说,相对于中位数的平均离差对于极端特异值和长尾并不免疫,因此它并不是用于稳健回归的理想尺度测量。

四分位差

q 分位差 QR_q 是一组影响有界限的尺度测量,它们的崩溃点非常高。任意特定的 q 分位差是这样给定的:

$$QR_q = y_{1-q} - y_q \text{(其中 } 0 < q < 0.5)$$

令 $q = 0.25$(也就是 0.25 分位与 0.75 分位之差),即得到四分位差(Interquartile Range,IQR),它的崩溃点 $BDP = 0.25$,它是最稳健因而也是最常用的分位差(Wilcox,2005:35—36)。四分位差的影响函数由 3/4 分位的影响函数减去 1/4 分位的影响函数(也就是 $IF_{0.75} - IF_{0.25}$)给定:

$$IF_{IQR}(y) = \begin{cases} \dfrac{1}{f(y_{0.25})} - C & \text{如果 } y < y_{0.25} \text{ 或 } y > y_{0.75} \\ -C & \text{如果 } y_{0.25} \leqslant y \leqslant y_{0.75} \end{cases}$$

$$[2.20]$$

其中,

$$C = q\left\{ \frac{1}{f(y_{0.25})} + \frac{1}{f(y_{0.75})} \right\} \qquad [2.21]$$

IQR 的崩溃点高并且影响函数有界，这些性质正是我们需要的，因此其在早期的稳健回归技术中有所使用。它在后面即将介绍的分位回归中扮演着一定角色。不过，尽管四分位差非常简单，但是因为还有更稳健的尺度测量，因此在新近发展的稳健回归中一般很少使用。

中位绝对离差

中位绝对离差（Median Absolute Deviation，MAD）是这样定义的：

$$\mathrm{MAD} = \mathrm{median}\,|\,y_i - M\,|\,（其中 M 是中位数）$$

MAD 完全取决于围绕中位数的变异，因此比标准差及和均值相关的绝对离差抵抗特异值干扰的能力更强。[8] MAD 达到了最高的崩溃点 $BDP = 0.5$，它的有界影响是这样定义的：

$$IF_{\mathrm{MAD}}(y) = \cfrac{sign(|\,y - M\,| - \mathrm{MAD}) - \dfrac{f(M+\mathrm{MAD}) - f(M-\mathrm{MAD})}{f(M)}sign(y - M)}{2[f(M+\mathrm{MAD}) + f(M-\mathrm{MAD})]}$$

$$[2.22]$$

其中 $f(y)$ 是 y 的概率密度函数（更多内容见 Wilcox，2005：35）。MAD 一个诱人的特征在于它可以通过乘以 1.4826[近似于 $1/\Phi^{-1}(3/4)$，其中 Φ 是正态概率密度函数]而得到调整，从而保证在样本规模很大时的一致性。所有这些特征都使得 MAD 成为一个有吸引力的稳健回归的尺度测量，至少是作为一个初步估计。

第 7 节 | *M* 估计

M 估计包括很多估计方法,它们将最大似然的思想推广用于尺度和位置的稳健测度(Huber,2004)。*M* 估计也是很多稳健回归估计的基础,包括那些被分类为 *M* 估计、*GM* 估计、*S* 估计以及 MM 估计的方法。这些都将在第 4 章讨论。通过适当的方程表达,*M* 估计非常稳健,尤其是对于位置的估计。与其他用于大样本 ($n \geqslant 40$) 的稳健测量相比,它们也具有相对效率,并且随着 n 变大而更有效率(Hogg,1974;也见 Wu,1985)。

假定 $y_1, \cdots, y_n$ 相互独立并且都服从相同的分布 $F(y; \theta)$。令 $T_n(y_1, \cdots, y_n)$ 是刻画该分布 $F(y; \theta)$ 的未知参数 θ 的一个估计量,那么该估计量的似然值是这样定义的:

$$L(\theta; y_i, \cdots, y_n) = \prod_{i=1}^{n} f(y; \theta) \qquad [2.23]$$

其中 $f(y; \theta)$ 是与 $F(y; \theta)$ 对应的概率密度函数。而最大似然估计结果是令似然函数最大化或(等价地)令目标函数 $\rho(y; \theta)$ 最小化的 θ 值:

$$-\log l = \sum_{i=1}^{n} \rho(y; \theta) \qquad [2.24]$$

将目标函数限定为带有严格连续导数 $\Psi(\cdot)$ 的任何可微函

数,就得到最大似然估计量 T_n,

$$\sum_{i=1}^{n} \Psi(y; \theta) = 0 \qquad [2.25]$$

其中,

$$\Psi(y; \theta) = -(\partial/\partial\theta)\rho(y; \theta)$$
$$= (\partial/\partial\theta)\log f(y; \theta) \qquad [2.26]$$

为了使最大似然估计或者 M 估计的解为唯一,$\rho(y; \theta)$ 必须为严格的凸函数,这样 $\Psi(y; \theta)$ 才会严格递增。使用 $\rho(y; \theta)$ $=-\log f(y; \theta)$,得到的是普通最大似然估计(Huber, 2004: 第 3 章)。

　　M 估计有很多不同的形式,其性质取决于对 $\rho(\cdot)$,或者与其等价的 $\Psi(\cdot)$ 的选择。如果 $\Psi(\cdot)$ 是没有边界的,那么估计量的崩溃点为 $BDP = \lim\limits_{n\to\infty} BDP = 0$。相反,如果 $\Psi(\cdot)$ 是奇函数并且有界,那么 $\rho(\cdot)$ 以 0 为中心对称。得分函数(score function)$\Psi(\cdot)$ 的形状与汉普尔(Hampel, 1974)提出的影响函数的形状相同。更具体地说,$IF(y; F, T) = \Psi(y)/\gamma(F)$,其中 $\gamma(F) = \int f(y)d\Psi(y)$。比例常数 $[\gamma(F)]^{-1}$ 同时取决于 Ψ 和概率密度函数 $f(y)$。也就是说,IF 是负的得分函数(Jureckova & Sen, 1996; Hoaglin et al., 1983: 356)。

位置的 M 估计

　　如果总体的均值是随机变量 Y 的期望值。令 $\rho(y - \hat{\mu})$ 为测量相对于位置估计 $\hat{\mu}$ 的距离的目标函数。

$$\sum_{i=1}^{n} \rho(y; \theta) = \sum_{i=1}^{n} \rho\left(\frac{y_i - \hat{\mu}}{cS}\right) \qquad [2.27]$$

其中 S 是分布尺度的一个测量，c 为通过定义分布的中心和尾巴来对估计量的稳定程度进行调整的细调常数。尽管 M 估计具有位置同变性，但它们并不具备尺度同变性，因此细调常数是必需的。c 值越小，该估计抵抗特异值干扰的能力越大。

取方程 2.27 的导数，就得到影响函数的形状。M 估计值即能够解出下一方程的 $\hat{\mu}$ 的取值：

$$\sum_{i=1}^{n} \Psi\left(\frac{y - \hat{\mu}}{cS}\right) = 0 \qquad [2.28]$$

尺度测量和位置测度是被同时估计的，因此需要一种迭代的估计程序（具体细节见 Huber，2004）。关于估计的更多细节将在第 5 章的回归的 M 估计中给出。在这里，我们接着讨论由均值延伸而来的一般解释（continue with a general explanation extending from mean）。

均值的 M 估计基于最小平方目标方程：

$$\rho(y; \theta) = \frac{1}{2}(y - \hat{\mu})^2 \qquad [2.29]$$

方程 2.28 的导数表明（案例的）影响与 y 值成比例：

$$\Psi(y; \theta) = (y - \hat{\mu}) \qquad [2.30]$$

为了计算一个比均值更稳健的 M 估计，我们只需要将最小平方目标方程替换为另外一个给极端值较小权重的方程即可。Huber 权重函数（Huber weight function）和双权数函数（biweight functions）是两种最常见的选择。

Huber 估计

Huber 权重函数在分布的中心时表现得像均值和与之相连的最小平方目标函数(也就是说,观察案例被给予相同的权重)。但在分布的两端时,有点像中位数及与之相关的最小绝对值目标函数,它给分布尾部越靠外的观察值的权重越小:

$$\rho_H(y;\ \theta) = \begin{cases} \dfrac{1}{2}y^2 & (如果\ y \leqslant c) \\ c\,|\,y\,| - \dfrac{1}{2}c^2 & (如果\ y > c) \end{cases} \qquad [2.31]$$

因为目标是产生一个能抵抗特异值干扰的估计,所以 MAD 通常被用来计算尺度测量 S。当总体服从正态分布时,定义 $S = \text{MAD}/0.6745$,得到 S 估计的 σ(S estimating σ)。遵照休伯(Huber,1964)的建议,设定 $c = 1.345$ 比较方便(统计软件中使用的也是这一标准),它能够较好地抵抗特异值的干扰 $(1.345/0.6745 \cong 2\text{MADs})$ 并且相对效率接近 95%。

计算方程 2.31 的导数,得到影响函数的形状:

$$\Psi_H(y;\ \theta) = \begin{cases} c & (如果\ y > c) \\ y & (如果\ y \leqslant |c|) \\ -c & (如果\ y < -c) \end{cases} \qquad [2.32]$$

最后,$\Psi(\cdot)$ 的导数可以算出给予每个观察案例的权重:

$$w_{Hi}(y) = \begin{cases} 1 & (如果\ y \leqslant c) \\ c/\,|\,y\,| & (如果\ y > c) \end{cases} \qquad [2.33]$$

双权数估计

双平方权重(bisquare weight),也被叫做 Tukey's 双平方,它与 Huber 权重的主要区别出现在分布尾部的顶端,在这里双权数目标函数能更好地抵抗特异值的干扰。

$$\rho_{BW}(y;\theta)\begin{cases} \dfrac{c^2}{6}\left\{1-\left[1-\left(\dfrac{y}{c}\right)^2\right]^3\right\} & (\text{如果}\,|y|\leqslant c) \\[4mm] \dfrac{c^2}{6} & (\text{如果}\,|y|>c) \end{cases}$$

[2.34]

当细调常数 $c=4.685$ 时,$4.685\times S\cong 7MADs$,如果样本是从正态总体中抽取的,它能产生 95% 的效率(Huber,1964)。计算方程 2.34 的导数,可以看到影响函数趋近于 0 的速度非常快。

$$\Psi_{BW}(y;\theta)=\begin{cases} y\left[1-\left(\dfrac{y}{c}\right)^2\right]^2 & (\text{如果}\,|y|\leqslant c) \\[4mm] 0 & (\text{如果}\,|y|>c) \end{cases}$$

[2.35]

取方程 2.35 的导数,得到权重函数:

$$w_{BWi}(y)=\begin{cases} \left[1-\left(\dfrac{y}{c}\right)^2\right]^2 & (\text{如果}\,|y|\leqslant c) \\[4mm] 0 & (\text{如果}\,|y|>c) \end{cases}$$

[2.36]

图 2.1 呈现了将带有默认细调常数的 Huber 函数和双权数函数应用于同一个值域范围为 -10 到 10 的分布时的情形。可以看到,相对于与均值(它给所有的观察值同样的权重)的

表 2.1　几种可能的 M 估计函数

	目标方程，$\rho(\mu)$	影响函数，$\Psi(\mu)$	权重函数，$w(\mu)$
最小二乘	$\rho_{LS}(\mu) = \dfrac{1}{2}\mu^2$	$\Phi_{LS}(\mu) = \mu$	$w_{LS}(\mu) = 1$
Huber	$\rho_H(\mu) = \begin{cases} \dfrac{1}{2}\mu^2 & \text{如果 } \mu \leq c \\ c\lvert\mu\rvert - \dfrac{1}{2}c^2 & \text{如果 } \mu > c \end{cases}$	$\Phi_H(\mu) = \begin{cases} c & \text{如果 } \mu > c \\ \mu & \text{如果 } \mu \leq c \\ -c & \text{如果 } \mu < -c \end{cases}$	$w_H(\mu) = \begin{cases} 1 & \text{如果 } \mu \leq c \\ c/\lvert\mu\rvert & \text{如果 } \mu > c \end{cases}$
双权	$\rho_{BW}(\mu) = \begin{cases} \dfrac{c^2}{6}\left\{1-\left[1-\left(\dfrac{\mu}{c}\right)^2\right]^3\right\} & \text{如果 } \lvert\mu\rvert \leq c \\ \dfrac{c^2}{6} & \text{如果 } \lvert\mu\rvert > c \end{cases}$	$\Phi_{BW}(\mu) = \begin{cases} \mu\left[1-\left(\dfrac{\mu}{c}\right)^2\right]^2 & \text{如果 } \lvert\mu\rvert \leq c \\ 0 & \text{如果 } \lvert\mu\rvert > c \end{cases}$	$w_{BW}(\mu) = \begin{cases} \left[1-\left(\dfrac{\mu}{c}\right)^2\right]^2 & \text{如果 } \lvert\mu\rvert \leq c \\ 0 & \text{如果 } \lvert\mu\rvert > c \end{cases}$
Andrew	$\rho_A(\mu) = \begin{cases} c\{1-\cos(\mu/c)\} & \text{如果 } \lvert\mu\rvert \leq c\pi \\ 2c & \text{如果 } \lvert\mu\rvert > c\pi \end{cases}$	$\Phi_A(\mu) = \begin{cases} \sin(\mu/c) & \text{如果 } \lvert\mu\rvert \leq c \\ 0 & \text{如果 } \lvert\mu\rvert > c \end{cases}$	$w_A(\mu) = \begin{cases} \dfrac{\sin(\mu/c)}{\mu/c} & \text{如果 } \lvert\mu\rvert \leq c \\ 0 & \text{如果 } \lvert\mu\rvert > c \end{cases}$
Ramsey	$\rho_R(\mu) = \dfrac{1-e^{-c\lvert\mu\rvert}(1+c\lvert\mu\rvert)}{c^2}$	$\Phi_R(\mu) = \mu e^{-c\lvert\mu\rvert}$（$c^{-1}$ 处的最大值）	$w_R(\mu) = e^{-c\lvert\mu\rvert}$

资料来源：Draper & Smith，1998；表 25.1。

相似程度,两个 M 估计量的表现彼此更为相像。Huber 和双权数函数在分布的绝大多数的部分作用近似,除了正中间和尾巴的末端。双权数函数给所有绝对值大于 $5(|y_i|>5)$ 的观察值的权重为 0。相反,Huber 权重从不会让一个案例的权重为 0,而且会让更大比例的案例的权重等于 1。

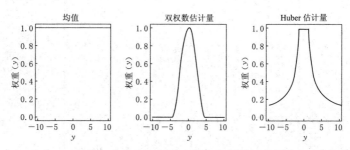

图 2.1　常用 M 估计量的权重函数与均值(的权重函数)的对比

尽管 Huber 权数函数及双权数函数是 M 估计中最常用的,不过还有很多其他选择,其中一些呈现在表 2.1 中。关于这些估计量的更多具体内容,尤其是相关细调常数的建议值,可以参考安德鲁斯等人的作品(Andrews et al.,1972),以及拉姆齐的文章(Ramsay,1977)。

尺度的 M 估计量

将 M 估计扩展到对于尺度的估计相对直接(Wilcox,2005:92—98)。同样的,主要的思想是找到一个给极端案例赋权较小的函数。尺度的 M 估计的一般形式是由位置的 M 估计的渐近方差定义的:

$$\zeta^2 = \frac{K_2 \tau_2 E[\Psi^2(Z_i)]}{\{E[\Psi'(Z_i)]\}^2}$$

$$Z_i = \frac{y_i - \mu m}{cS}$$

[2.37]

其中 μ_m 是位置的 M 估计,c 是一个正的细调常数,S 是通常被设为 MAD 的尺度的最初测量,Ψ 是得分函数。和位置的 M 估计一样,Huber 权数函数和双权数函数是典型的选择。因为它们使用得更为频繁而且已经表明效率更高,这里我们集中关注后者,它带来的是双权中位方差(biweight midvariance)(Lax,1985)

双权中位方差抵抗特异值干扰的能力强,且很有效率,崩溃点接近 0.5(Hoaglin et al. , 1983)。它是这样定义的:

$$\hat{\zeta}^2_{\text{bimid}} = \frac{\sum_{i; y_i \leqslant 1} (y_i - M_y)^2 (1 - Z_i^2)^4}{\sum_{i; y_i^2 \leqslant 1} [(1 - Z_i)^2 (1 - 5Z_i^2)]^2}$$

[2.38]

其中 M_y 是 y 的中位数,且:

$$Z_i = \frac{y_i - \mu_m}{cS}$$

[2.39]

非常值得注意的是,等式中的求和被限定在 $y_i^2 \leqslant 1$ 的条件下。细调常数 c 通常设定为 9,尺度设定为 MAD,能够得到最大的效率。

第8节｜各种估计的对比

.

例 2. 1:仿真数据

　　表 2.2 对比了前面讨论过的一些估计量在用于仿真数据时的稳定性。第一列是将这些估计量用于来自标准正态分布 $y_i \sim N(0, 1)$ 的 20 个随机观测值(取值从 −2.2 到 1.7)的情况。换句话说,这些数据都表现良好,没有特异值。第二列将这些估计量用于同样的数据,但增加了一个取值为

表 2.2　含有极端特异值和不含极端特异值的仿真数据的位置及尺度测度

估计量	崩溃点	所有案例	特异值被移除
位置测度			
均值	0	0	2.85
α 截尾均值	α(剪除比例)	−0.09	−0.04
中位数	0.5	−0.02	0.005
M 估计	0.5	−0.12	−0.03
尺度测度			
标准差	0	1	13.13
平均离均差	0	0.71	5.44
平均离中差	0	0.61	2.89
四分位差	0.25	1.07	1.21
中位绝对离差	0.5	0.61	0.66
双权中位方差	0.5	0.89	1.06

60 的极端特异值,假定它是被错误编码的案例。这些估计量的崩溃点放在了第三列。

表格的上半部分给出的是各种位置测度的结果。和 $BDP = 0$ 相一致,均值因为特异值的拉动而被严重扭曲(由 0 变为 2.85)。相反,截尾均值——按照常规,从尾部剪除了 20% 的观察值,把特异值删除掉了——表现得非常好,它在好数据中和在受污染的数据中的值几乎完全一样(-0.09 比 -0.04)。中位数及 M 估计(用的是双平方权重)的 BDP 都等于 0.5,二者看起来也没有受特异值影响。

再来看尺度测度,可以看到在运算与均值有关的——也即标准差、相对均值的平均离差、相对中位数的平均离差——都被特异值严重扭曲。当然,这毫不奇怪,因为它们的 BDP 都等于 0。标准差所受的影响最大,取值是不存在特异值时的 13 倍。相反,特异值对两个基于中位数的测量,四分位差($BDP = 0.25$)和中位绝对离差($BDP = 0.5$)的影响很小。与位置的 M 估计相似,特异值并未影响双权中位方差的表现,后者的 BDP 等于 0.5。

例 2.2:跨国视野下公众对报酬不平等的态度

下面我来看一个使用实际社会科学数据的例子。表 2.3 中的数据来自韦克利姆、安德森和希斯(Weakliem,Anderson & Heath,2005)对收入不平等与公众对报酬不平等的态度的关系的跨国研究。该数据集包括 20 世纪 90 年代测量的 48 个国家的信息,主要有四个变量。

表 2.3　48 个国家(地区)的公众态度及经济和政治变量

国家或地区	Public Opinion Secpay	Gini Coefficient	Per Capita GDP	Democracy
亚美尼亚	0.061	44.4	2072	0
澳大利亚	0.179	31.7	22451	1
奥地利	0.112	23.1	23166	1
阿塞拜疆	0.070	36.0	2175	0
孟加拉国	0.057	28.3	1361	0
白俄罗斯	0.075	28.8	6319	0
比利时	0.302	27.2	23223	1
巴西	0.232	60.1	6625	1
英国	0.211	34.6	20336	1
保加利亚	0.164	30.8	4809	0
加拿大	0.176	28.3	23582	1
智利	0.361	56.5	8787	1
中国	0.131	41.5	3105	0
克罗地亚	0.092	29.0	6749	0
捷克共和国	0.557	26.6	12362	0
丹麦	0.248	21.7	24217	1
多米尼加共和国	0.089	50.5	4598	1
爱沙尼亚	0.054	35.4	7682	0
芬兰	0.354	22.6	20847	1
法国	0.231	32.7	21175	1
格鲁吉亚	0.086	37.1	3353	0
匈牙利	0.115	28.9	10232	0
印度	0.226	29.7	2077	1
爱尔兰	0.289	35.9	21482	1
意大利	0.226	34.6	20585	1
日本	0.284	24.9	23257	1
拉脱维亚	0.070	28.5	5728	0
立陶宛	0.096	33.6	6436	0
墨西哥	0.211	53.7	7704	0
摩尔多瓦	0.127	34.4	1947	0
荷兰	0.328	31.5	22176	1
挪威	0.441	24.2	26342	1
秘鲁	0.175	46.2	4282	1
葡萄牙	0.265	35.6	14701	1
罗马尼亚	0.133	28.2	5648	0
俄罗斯	0.076	48.0	6460	0
斯洛伐克	0.622	19.5	9699	0
斯洛文尼亚	0.108	29.2	14293	0

（续表）

国家或地区	Public Opinion Secpay	Gini Coefficient	Per Capita GDP	Democracy
西班牙	0.286	32.5	16212	1
瑞典	0.401	25.0	20659	1
瑞士	0.149	36.1	25512	1
中国台湾	0.075	27.7	12090	0
土耳其	0.207	41.5	6422	0
乌克兰	0.085	47.3	3194	0
乌拉圭	0.273	42.3	8623	0
美国	0.148	36.9	29605	1
委内瑞拉	0.208	46.8	5808	1
联邦德国[a]	0.149	30.0	22169	1

注：a. 因为调查仅对联邦德国的受访者进行了调查，因此数据集使用了"联邦德国"这一概念。

（1）Secpay。来自世界价值观调查（Inglehart et al.，2000）的一道题目的平均得分，这道题目询问了受访者对于报酬不平等的态度。题目是这样表述的："假设有两个秘书，她们年龄一样，实际上做的工作也一样。其中一个发现另一个挣的钱比自己多得多。只是报酬较高的那个做事更快，在工作上更有效率、更可靠。在您看来，这个秘书的报酬比另一个高是否公平？"受访者有两种回应选择："公平"（编码为0）或者"不公平"（编码为1）。因此，较高的平均分反映公众更喜欢平等（也就是说，这个国家的多数受访者认为两个秘书的工资不同是不公平的）。这些国家的平均得分从0.054到0.622，均值为0.2。

（2）Gini。基尼系数，理论上的取值范围为0（完全的收入平等，收入在所有国民之间平均分配）到1（完全的不平等，一个人占有所有收入）。也就是说，取值越高表明收入越不平等。

（3）*Per Capita GDP/1000*。人均国民生产总值（千美元）。

（4）*Democracy*。民主。虚拟变量，"传统的民主国家（地区）"（也就是在收集数据时已经历过至少10年民主制度的国家）被编码为1，"新的民主国家（地区）"被编码为0。

用以建构这些测量指标的源数据的具体信息，可以参看韦克利姆等人（2005）的研究。

令人感兴趣的是那些在调查时民主化不足10年的国家（或地区）（$n = 26$）对报酬不平等的公众态度（以下简称"公众态度"）的分布情况。由于公众态度变量将被作为后面回归分析的因变量，因此首先对它的分布进行探索是非常重要的，检查它是否具有一些可能带来问题的特征——如偏态或存在特异值。我们先来检查图 2.2，它呈现的是公众态度变

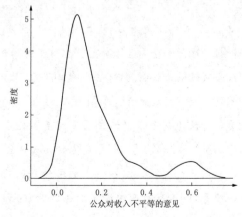

图 2.2　26 个新建民主国家(地区)的公众对报酬不平等的态度的分布情况

量的分布的核密度估计（kernel density estimation，也就是经过修匀的直方图）。除了在右端尽头有一个小鼓包外，分布的其他部分还是相当对称的。进一步的分析发现，两个国家——捷克共和国和斯洛伐克——的取值异常高。从表 2.3 中可以看到，这两个国家的取值分别为 0.557 和 0.622，而其他国家的取值没有超过 0.4 的。它们的独特性可能与其共同的文化和历史遗产有很大关系。

　　现在我们来看表 2.4，它探索了位置和尺度的各种测量在纳入和删除捷克共和国及斯洛伐克时的不同表现。首先来看均值，可以看到当特异值删除时它显著地变小了（从 0.167 变为 0.131）。类似地，当特异值被移除时基于均值的尺度测度的缩小也很大（保留特异值时的标准差是删除特异值时的 1.8 倍）。相反，中位数及 M 估计的稳定性非常明显，它们的结果在特异值删除前后看起来几乎没有发生变化。类似地，两个数据集在中位绝对离差及 M 估计（双权中位离差）——两个具有高崩溃点的尺度测度——之间的差异要小得多。

表 2.4　新建民主国家（地区）的公众态度变量的位置及尺度测度

估计量	所有案例	捷克和斯洛伐克被移除
位置测度		
均值	0.167	0.131
α 截尾均值	0.123	0.114
中位数	0.112	0.102
M 估计	0.127	0.112
尺度测度		
标准差	0.145	0.078
平均离均差	0.102	0.060
平均离中差	0.081	0.056
四分位差	0.129	0.097
中位绝对离差	0.042	0.032
双权中位方差	0.005	0.004

在结束本章之时，有必要提醒的是：应该对就回归分析中的变量进行的单变量分布检查保持警惕。OLS 回归估计的是在给定 x 下 y 的条件均值。因此，y 的特异值并不见得就是回归的特异值。反过来说，回归中的权势案例并不见得一定是 y 意义上的极端值。当然，这并不意味着我们应该忽视单变量分布情况。不对单变量的分布进行探索，可能会妨碍研究者发现数据的重要特征。但最好不要在变量之间的关系得到探索之前对异常观察案例进行处理。带着这样的想法，我们下面将转向线性回归 OLS 估计，具体讨论异常案例将如何影响它的估计结果，而这些案例又如何被甄别出来。在下文中，我们还会在稳健回归方法的背景下回到对尺度及位置测度的讨论。

第 **3** 章

稳健性、抗扰性与最小二乘回归

第 1 节｜一般最小二乘回归

如果用 i 表示个体观察案例，j 表示变量，那么线性回归方程可以被写成：

$$y_i = \sum_{j=1}^{k} x_{ij}\beta_j + \varepsilon_i \qquad [3.1]$$

其中 y_i 是因变量或者说反应变量，x_{ij} 是用来预测 y 的自变量，β_j 是回归系数，ε_i 代表与各个 x 保持独立的随机项（也即误差项）。OLS 解将残差平方和最小化，其中残差是误差项的估计值：

$$\min \sum_{i=1}^{n} \left(y_i - \sum_{j=1}^{k} x_{ij}\beta_j \right)^2 = \min \sum_{i=1}^{n} e_i^2 \qquad [3.2]$$

对方程 3.2 进行微分计算，得到：

$$\sum_{i=1}^{n} \left(y_i - \sum x_{ik}\beta_k \right) x_{ij} = \sum_{i=1}^{n} (e_i) x_{ij} \qquad [3.3]$$

所谓残差，期望值为 0，定义很简单，如下：

$$e_i = y_i - \hat{y}_i \qquad [3.4]$$

其中 $\hat{y}_i$ 为模型的预测值。

采用矩阵代数形式的话，线性回归模型就是：

$$\mathbf{y} = \mathbf{X}\boldsymbol{\beta} + \boldsymbol{\varepsilon} \qquad [3.5]$$

其中 $\mathbf{y}_{(n\times 1)}$ 是反应变量的一个观察矢量，$\mathbf{x}_{(n\times k+1)}$ 为包括所有案例每个解释变量取值的模型矩阵，$\mathbf{\beta}_{(k+1\times n)}$ 为未知系数向量，$\mathbf{\varepsilon}_{n\times 1}$ 为随机误差向量，即观察值 $\mathbf{y}$ 与其期望值 $E(\mathbf{Y})$ 之差。

系数的最小二乘解为：

$$\hat{\mathbf{\beta}} = (\mathbf{X}^T\mathbf{X})^{-1}\,\mathbf{X}^T\mathbf{y} \qquad [3.6]$$

反应变量的拟合值或者说预测值，可由下面的方程求出：

$$\hat{\mathbf{y}} = \mathbf{X}\,(\mathbf{X}^T\mathbf{X})^{-1}\,\mathbf{X}^T\mathbf{y} = \mathbf{H}\mathbf{y} \qquad [3.7]$$

其中 $\mathbf{H}$（"帽子矩阵"）是一个 $n \times n$ 的将 $\mathbf{y}$ 映射到预测值 $\hat{\mathbf{y}}$ 上的对称矩阵。$\mathbf{H}$ 的对角线元素，也被称为预测值 h_i（hat value h_i），给出了每个观察案例的杠杆效应。如果一个案例有异常的 x 值，也就是说它的取值远远高于或低于 x 的平均值，那它对回归平面的杠杆效应就高。后面我们将会看到，残差及帽子值提供了每个案例对回归系数的影响大小的重要信息。

线性模型的经典统计推论基于如下几个关于误差项的假定：

（1）因变量 y 与解释变量之间的关系为线性关系。也就是说，在给定 x 值的情况下，ε 的期望值为 0，$E(\varepsilon_i) = 0$。

（2）在所有 x 值下，误差项的方差恒定，$V(\varepsilon_i \mid x_i) = \sigma_\varepsilon^2$。通常又被叫做同方差性（homoscedasticity）假定。

（3）误差项 ε_i 相互独立，$\mathrm{cov}\,(\varepsilon_i,\,\varepsilon_j) = 0$，其中 $i \neq j$。

根据高斯—马尔科夫定理（Gauss-Markov theorem），如果满足上述条件，那么 OLS 估计是总体回归系数的最佳线性无偏估计(best linear unbiased estimators，BLUE)(Draper & Smith，1998:136)。事实上，不管误差项的分布特征如何，$\hat{\boldsymbol{\beta}}$ 都提供了方差最小的无偏估计。如果我们加上误差项服从正态分布的假定，也就是说 $\varepsilon_i \sim N(0, \sigma_\varepsilon^2)$，那么 $\hat{\boldsymbol{\beta}}$ 能够提供 $\boldsymbol{\beta}$ 的最大似然估计，且其概率分布很容易推导出来。更具体地讲，如果误差项服从正态分布，那么系数也将服从正态分布，因为，它们是误差项的线性函数。不过，根据中心极限定理，对于 OLS 估计的标准误而言，正态性只有在 n 很小时才很重要。

回归系数的方差协方差矩阵是这样定义的：

$$V(\hat{\boldsymbol{\beta}}) = (\mathbf{X}^\mathrm{T}\mathbf{X})^{-1}\sigma_\varepsilon^2 \qquad [3.8]$$

其中，误差项的方差 σ_ε^2 是通过残差方差 S_e^2 来估计的。而系数的标准误是由方程 3.8 的对角线元素提供的。大的残差——能够反映特异值或重尾——会扩大 S_e^2 估计，进而扩大估计值的标准误。特异值还能带来不恒定的误差方差，从而使 OLS 估计失去效率，因为它们给所有案例同样的权重，包括特异值，尽管后者含有较少的回归信息。正如我们后面即将看到的，模型矩阵 $\mathbf{X}$ 中的异常案例还对 OLS 估计的标准误有着重要的影响，效果是好是坏，取决于异常性的不同类型(见 Cook & Weisberg，1999:161)。

第 2 节 | 异常案例对 OLS 估计及 标准误的影响

为了更好地理解异常案例是如何对回归估计产生影响的，首先来定义四个概念：单变量特异值（univariate outlier）、回归特异值（regression outlier）、杠杆效应（leverage）以及权势或影响（influence）（Cook & Weisberg，1982；又见 Rousseeuw & van Zomeran，1990；Fox，1991，1997）。所谓单变量特异值，是指远离某一变量分布中其他案例的观察值。尽管在进行回归分析之前的初步分析中对此类案例进行探测是审慎的做法，不过，它们并不一定会带来问题。换句话说，一个在 y 值或者 x 值上无条件异常（unconditionally unusual）的观察案例，并不必然是回归分析中的特异值。

回归特异值，有时又叫垂直特异值（vertical outlier）（Rousseeuw & van Zomeren，1990），处于数据主体的一般模式之外。更具体地讲，它是那种在 x 取值相同的情况下，y 取值非常不同的案例。回归特异值的典型特征就是残差很大。不过，残差大并不必然意味着该观察值影响了回归斜率的估计。同样，残差小并不一定意味着该观察案例服从数据主体部分的模式，至少对于来自 OLS 回归的残差是这样。当一个特异值的影响力（或权势）很大时，它可能将回归平面整个拉向自己,从而使得对应的残差很小。

　　一个案例如果 x 值异常,那它对回归平面就有杠杆效应。更详细地说,离 x 的平均值越远的观察案例(不管是在正方向,还是负方向),杠杆效应越大。不过,杠杆效应大不一定同时权势大。一个杠杆效应很大的观察案例可能恰好与数据主体的模式一致。在这种情况下,该案例一点也不成为问题。后面很快就会有更具体的讨论。

　　如果将一个案例从回归中移除后,回归估计发生很大的变化,那么该案例就是有权势的。权势的大小取决于杠杆效应与 y 值的异常性的组合。也就是说,如果一个案例不仅有很高的杠杆效应,而且其 y 值在给定的 x 值下又很不正常,那它就能严重影响回归平面。在这种情况下,当回归平面试图把握这一观测案例时,截距和斜率都会受到影响。由于 OLS 估计建基于因变量的条件均值,会遇到均值本身会遇到的相同问题。仅仅一个案例就可以对系数估计产生影响。换句话说,OLS 估计的崩溃点 $BDP(T, Z) = 1/n \cong 0$ (当 n 增大时,$1/n$ 趋近于 0),而它的影响函数与残差的大小成比例。哪怕只有一个问题案例存在,OLS 给出的估计也会被扭曲。

　　不同类型的异常案例还会对 OLS 估计的标准误产生影响。以简单回归模型为例,回归斜率的标准误建立在残差标准差 s_e 和 x 围绕其自身均值的变异量基础上:

$$S\hat{E}(\hat{\beta}) = \frac{s_e}{\sqrt{\sum (x_i - \bar{x})^2}} \qquad [3.9]$$

与重尾分布尾部的案例——包括特异值——相关的大残差会扩大 s_e 的取值,从而导致标准误比残差服从正态分布时大。具体地讲，杠杆效应小（即 x 值并不异常）的垂直特异值（即远离数据主体模式的观察案例）对上式的分母没有影响，但会扩大分子，进而使标准误变大。相反，带有杠杆效应的观察案例（即 x 取值在正方向上或负方向上远离其均值）将使分母变大，进而减小标准误。简单地讲，离其他数据较远但服从一般模式的观察案例能够提高 OLS 估计的精确性。只有在给定 x 值时 y 值异常的情况下，观察案例才会损害精确性。在这种情况下，一些稳健回归估计的标准误会更小。

图 3.1 展示了不同类型的偏差值对简单回归直线的影响。除了带标签的观察案例外，三个图中的数据完全一样。它们是人为设计出来的，因此当带标签的案例被排除时，x_i 和 y_i 之间有着很强的线性关系（见实线）。虚线表示的是受污染数据（即带标签的数据纳入其中时）的回归。

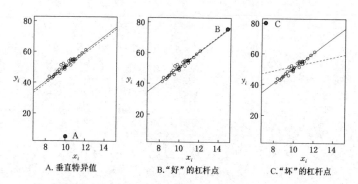

注：虚线代表包括特异案例时的回归线；实线为不含特异案例的回归线。

图 3.1　不同类型的偏差值及其对 OLS 估计的影响

首先来看图 A，观察案例 A 的 x 值并不异常（事实上，它等于 $\bar{x}$），但 y 值却高度异常。也就是说，这个案例是一个回归特异值,但没有很强的杠杆效应。因此,它对斜率的估计没有影响。不过,它确实对估计的精度产生了影响。由于残差如此之大,它会使标准误扩大。而且这种观察值会把截距拉向它,尽管只有当偏差非常极端时才会有严重的影响(在这里,它的影响很小)。在这种情况下,根据残差大小降低相应观察案例权重的稳健回归(如 M 估计)能够提供同样无偏但更加精确的估计。

在图 B 中,观察案例 B 不论是在 x 值上还是 y 值上都是单变量特异值,但它恰好落在回归直线上。也就是说,B 的杠杆效应很大,但并非回归特异值。尽管它对斜率没有影响,但它降低了估计的标准误,因为它拓宽了 x 的范围。因此,从 OLS 估计来讲,这个案例根本就没有问题。事实上,此时使用 OLS 之外的任何方法都是不明智的。

最后,图 C 中的案例 C,从 x 值上讲异常,在 x 值给定的情况下 y 也不正常。换句话说,C 的杠杆效应大,而且是个回归特异值,从而导致回归直线被拉向它。由于特异值影响而变大的 y 的变异性使得回归系数的精确性变小。如何处理这种性质的特异值,需要良好的判断力,而且通常要进一步研究。在理想状态下,这种异常性是由于错误编码造成的,因此纠正编码即可。或者,如果有充足的理由,应该移除该案例,并将其作为特殊案例单独进行讨论。还有一种选择是使用某种形式的稳健回归——它们给出的结果通常与直接删除这些案例得到的结果基本相同。在目前这种特定的情况下,最好选择一种同时考虑了杠杆效应和残差的方法(如 GM 估计,将在第 4 章中讨论)。在后面我们即将看到,并非所有的稳健回归技术都有这种属性。

　　总的来讲,杠杆效应小的回归特异值尽管能影响截距的估计,但对回归斜率的影响很小。更重要的是,它会对模型的拟合以及估计的标准误造成负面影响,因为它的残差很大。一个杠杆效应很大但 y 值差异不大的案例——也就是说该案例与数据的主体模式保持一致——不会影响斜率估计,事实上,它的出现会增进模型的拟合度,让估计更加精确。只有当偏差与杠杆效应结合在一起时,斜率系数才会受到影响。

　　所有这些都表明,如果没有发现并处理好这些权势案例,将导致错误的结论。这些结论将建立在一个很差劲的模型之上,不管用来评价这个模型的各种标准测量——如 R^2 和系数标准误——看起来是否很好。也就是说,模型拟合度的标准测度量并非总能指示偏差案例对于回归系数的影响。这意味着使用图形法来评估案例的影响或权势非常重要。我们必须认真检查数据中的模式,从而对模型得出的估计抱有信心。当然,这是统计分析的一般原则,而非仅仅适用于回归分析。

例 3.1:26 个新建的民主国家(地区)的收入不平等与公众对报酬不平等的态度

　　没有其他办法比通过一个实际例子更能揭示 OLS 的局限性。继续使用第 2 章介绍的关于公众态度的数据,目标是用基尼系数来对公众态度进行预测。更准确地说,我们想研究一个国家(地区)的收入不平等水平是否会影响其公众对报酬不平等的态度。下面的例子只集中关注这 26 个新建民主国家及地区。

    图 3.2 通过散点图对两个变量之间的关系进行了展示。图中还包括拟合这一数据的各种回归直线。其中，实线是利用全部 26 个案例信息来预测公众态度的 OLS 回归直线，虚线是排除了两个极端案例（捷克和斯洛伐克）后的 OLS 回归；点线来自于使用 M 估计的稳健回归，这种回归给予在最初 OLS 拟合中残差较大的观察案例更小的权重（关于这种方法，更详细的内容将在第 4 章给出）。

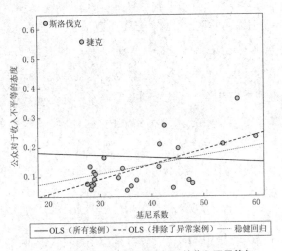

图 3.2   26 个新建民主国家（地区）的收入不平等与
公众对于报酬不平等的态度

    通过作图法对数据进行检查的重要性在这里非常明显，很容易就能看到：OLS 回归直线被拉向特异值。两个异常案例都具有很高的杠杆效应（也就是说，它们的 x 值，基尼系数，距离平均值 $\bar{x}$ 很远），并且都是回归特异值（即在给定的 x 值下它们都具有差异性很大的 y 值，公众态度）。也就是说，这两个案例并不符合数据主体的一般模式。我们还能看到,稳健回归比 OLS 回归更能反映数据中多数案例的模式,它对数据的拟合结果与剔除了特异值之后的 OLS 回归有一些类似。

上述回归的数字输出结果呈现在表 3.1 中。如果没对异常案例进行探测就报告最终的回归结果,我们很可能会选择 OLS 估计,并得出结论,认为收入不平等与公众对于报酬不平等的态度无关。一旦如此,我们就让两个案例——捷克和斯洛伐克——影响了整个结论。移除这两个案例之后的 OLS 回归表明,两个变量之间存在着相当强的关系。不仅基尼系数变成正的,而且在约定水平($p < 0.001$)上统计显著,回归模型对于数据的拟合也显著提高。在删除特异值之前,模型的确定系数接近于 0,删除后,确定系数增加到可观的 0.39。同样,回归直线的标准误在特异值被删除后得到了显著的改善,从 0.149 下降到少于一半,约为 0.063。和图3.2 反映的一样,类似于删除了特异值的 OLS 回归,稳健回归对于收入不平等的估计也是正的,尽管要小一点。影响在统计上仍然显著($p = 0.025$),不过因为 n 很小,对表中提供的渐近标准误进行阐释应该小心(第 5 章将进一步讨论)。

表 3.1 以收入不平等来预测公众态度(新的民主国家和地区)

	OLS(所有案例)		OLS(移除捷克和斯洛伐克)		稳健回归(M 估计)	
	$\hat{\beta}$	SE($\hat{\beta}$)	$\hat{\beta}$	SE($\hat{\beta}$)	$\hat{\beta}$	SE($\hat{\beta}$)
截距	0.195	0.111	−0.059	0.053	0.016	0.056
基尼系数	−0.0008	0.0028	0.0050	0.0013	0.0031	0.0015
S_e	0.1485		0.0627			
R^2	0.0029		0.3887			
n	26		24		26	

探测 OLS 回归中的问题案例

第 2 章已经表明了在简单回归中探测和处理异常案例的重要性。现在我们来看一些用于探测多元回归分析特异值的传统方法。对于这些方法,绝大部分都会提供一些基本的描述。关于这里讨论的方法及其他方法的更多具体内容可以参见库克和威斯伯格(Cook & Weisberg, 1982),鲁索和勒罗伊(Rousseeuw & Lerroy, 1987),查特吉和哈迪(Chatterjee & Hadi, 1988),还有福克斯(Fox, 1991)等的作品。

我首先对上述跨国数据拟合了两个 OLS 回归模型,两个都是用基尼系数和人均 GDP 来解释公众态度。模型 1 包括所有 26 个新的民主国家(地区)。如表 3.2 所示,基尼系数对于公众态度的影响的统计检验不显著($p = 0.40$),但人均 GDP 的影响统计显著($p = 0.018$)。此前的分析表明,两个案例——捷克和斯洛伐克——在基尼系数取值很低的情况下有着异常高的公众态度得分。排除了这两个案例的模型 2 得出了不同的实质性结论。人均 GDP 不再显著($p = 0.051$),而且大小只有包含两个特异值时的 1/3。相反,基尼系数的影响增长了 7 倍,而且变得统计显著了($p = 0.002$)。同样重要的是,包含两个异常案例的回归的标准误是没有包含时的两倍以上,而确定系数 R^2 不到后者的一半。因此,很清楚的是,这两个案例对估计造成了严重的问题。当然,在进行模型诊断之前,我们事先通常并不知道异常案例存在。下面我们对使用了全部 26 个观察案例(包括两个特异值)的回归进行诊断。

表 3.2　用收入不平等预测公众态度的不同 OLS 回归
来自新的民主国家(地区)的基尼系数和人均 GDP 的解释

	OLS(所有案例)		OLS(排除捷克和斯洛伐克)	
	$\hat{\beta}$	SE($\hat{\beta}$)	$\hat{\beta}$	SE($\hat{\beta}$)
截距	0.028	0.128	−0.107	0.058
基尼系数	0.00074	0.0028	0.00527	0.0013
人均 GDP(千美元)	0.0175	0.0079	0.0063	0.0037
S_e	0.138		0.0602	
R^2	0.175		0.4622	
n	26		24	

探测杠杆效应:帽子值

我们先来探测杠杆效应高(即 x 取值比较异常)的案例。最常用的衡量杠杆效应的测量是前面已经讨论过的(见方程 3.7)帽子值 h_i,它是将特定 y_i 转化为对应预测值 $\hat{y}_i$ 的权重。如果 h_{ij} 很大,那么第 i 个观察案例对第 j 个预测值有很大的影响:

$$\hat{y}_i = h_{1j}y_1 + h_{2j}y_2 + \cdots + h_{nj}y_n = \sum_{j=1}^{n} h_{ij}y_i \quad [3.10]$$

单个帽子值 h_i 衡量的是特定观察案例 y_i 对所有预测值的潜在杠杆效应。帽子值的范围处于 $1/n$ 和 1 之间,平均值为 $\bar{h} = (k+1)n$。值得注意的是,在最小二乘回归中,y 的取值与帽子值的计算无关。[9]帽子值只考虑了一个特定的 x_i 值离它的均值 $\bar{x}$ 有多远。如在简单回归中,

$$h_i = \frac{1}{n} + \frac{(x_i - \bar{x})^2}{\sum_{j=1}^{n}(x_j - \bar{x})^2} \quad [3.11]$$

帽子值在多元回归中的功能相同,不过 h_i 现在测量的不是相对于单个 x 的均值的距离,而是相对于多个 x 的中心的距离——即所有 x 的均值相交的地方。换句话说,多元回归中的帽子值考虑了各个 x 之间的相关及变化结构(correlation and variational structure)(见 Cook & Weisberg,1999:161—163)。帽子值只能指示杠杆效应——它们不能告诉我们在给定的 x 取值下对应的 y 值是否异常。尽管杠杆效应高的案例有时会有很大的残差,但并不必然如此。事实上,正因为它们将回归直线拉向自己,杠杆效应高的点残差可能很小,

$$V(e_i) = \sigma_\varepsilon^2 (1 - h_i)$$

图 3.3 标示出了模型 2 中与案例号对应的帽子值(即所谓的带标号的帽子值图)。尽管这里并没有针对杠杆效应的正式检验,经验之一是,超过帽子值平均值两倍的帽子值应

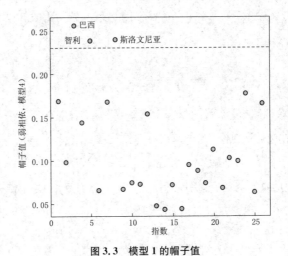

图 3.3 　模型 1 的帽子值

该被关注。[10]图中的虚线即代表对应取值。有三个案例与其他数据差别较大：巴西、智利和斯洛文尼亚。尽管这些案例的杠杆效应很高，但没有进一步的分析，还不能说它们偏离了数据主体的模式。回想一下，如果它们与数据中其他案例一致的话，这些案例就是"好的"杠杆案例，因为它们帮助降低了估计的标准误。因此，在进一步探测回归特异值时，我们会留意这些案例，但不用担心它们。

探测回归特异值：学生化残差及 Bonferroni 校正

乍一想，探测回归特异值最简单的办法是计算标准化的残差 e_i'，然后将 $|e_i'| > 2$ 的案例（也就说，大于平均残差两个标准差的残差）作为显著的特异值。但是，标准化残差值在进行统计推论时存在麻烦，因为等式的分子和分母相互并不独立，因而并不服从 t 分布。如方程 3.12 所示，我们关注的残差 e_i 不仅出现在分子里，还出现在分母中的残差标准差 s_e 的计算中：

$$e_i' = \frac{e_i}{s_e \sqrt{1 - h_i}} \qquad [3.12]$$

解决办法是计算学生化残差（studentized residuals） e_i'，它将我们关注的案例从残差标准差的计算中排除掉：

$$e_i^* = \frac{e_i}{s_{e(-i)} \sqrt{1 - h_i}} \qquad [3.13]$$

它满足自由度为 $n-k-2$ 的 t 分布。

将学生化残差与自由度相同的理论 t 分布量进行比较的

分位对比图(quantile comparison plot)对探测特异值非常有用,尤其是在拟合回归模型之前,并没有任何特定的观察案例被怀疑为特异值的情况下,事实上,通常都是这种情况。图 3.4 是来自模型 1 的残差的分位对比图。围绕这些观察值的 95% 的置信带(confidence envelop)是使用自助法得到的,这一主题将会在第 5 章讨论。有两个案例偏离了置信带:捷克和斯洛伐克。回想一下可知,这两个案例在前面的诊断中并没有被认为带有极端的帽子值。

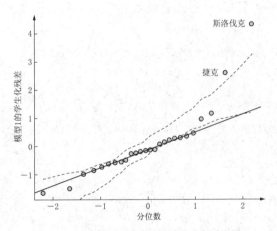

图 3.4   来自模型 1 的学生化残差分位对比图

我们可以正式地检验一个具体的案例是否特异值,尽管标准 p 值不能信任。如果我们有意地检验最极端的残差而不是随机选择一个观察案例,检验将偏向于统计显著,因为即使残差满足正态分布,仅仅因为随机的原因就有 5% 的学生化残差会在统计检验上显著($\alpha = 0.05$)。对最大特异值的双边 t 检验的 p 值进行 Bonferroni 校正能够补救这一问题。Bonferroni p 值 $= np'$,其中 p' 是没有被调整过的自由度为

$n-k-2$ 的 t 检验的 p 值（Fox，1997：274）。斯洛伐克——残差最大的观察案例——的 t 统计量等于4.31，对应自由度为 22，p 值 $= 0.00027$。经过 Bonferroni 校正，p 值为 $26 \times 0.00027 = 0.0072$，表明斯洛伐克是一个显著的特异值。尽管这里我们发现了偏差很大的案例，但必须记住，异常案例并不总带有很大的残差。

探测权势值：DFBETAs、Cook's D 和偏回归图

评估权势值最直接的办法是看特异值移除后回归系数发生了多大变化。我们可以使用被贝尔西、库恩和韦尔斯（Belsley，Kuhn & Welsch，1980）称做 DFBETAs（或 D_{ij}）的概念，它们的定义非常简单：

$$D_{ij} = \hat{\beta}_j - \hat{\beta}_{j(-i)}，对于 i = 1，\cdots，n；j = 0，1，\cdots，k$$

其中 $\hat{\beta}_j$ 是使用所有数据时的回归系数，$\hat{\beta}_{j(-i)}$ 是第 i 个案例被移除时的系数。每个案例对于每个系数都有一个 DFBETA$_{ij}$。对于 DFBETA$_{ij}$ 没有正式的显著性检验，常用的拇指规则（rule of thumb）界线是 $|D_{ij}| \geqslant 2/\sqrt{n}$。将 DFBETA$_i$ 值对案例编号作图[1]很有用，然后从中寻找取值相对较大的。

回到模型 1，人均 GDP 及基尼系数两个变量对应的 DFBETA$_i$ 值标记图（index plot）呈现在图 3.5 中。点线代表拇指规则界线，$|D_{ij}| \geqslant 2/\sqrt{n}$。我们已经发现捷克和斯洛伐克是回归特异值。现在我们看到它们对回归估计还有异常高

---

[1] 即分别以案例编码和 DFBETA$_i$ 为横坐标、纵坐标做散点图。——译者注

的影响。这种影响同时涉及两个解释变量。斯洛伐克明显将人均 GDP 的系数往正方向拉，将基尼系数的影响往负方向拉。尽管与斯洛伐克相比，捷克共和国对人均 GDP 的影响较大而对基尼系数的影响较弱，但两者的一般模式是相同的。另外三个潜在的问题案例也被发现：智利将基尼系数往正方向拉；中国台湾和斯洛文尼亚将人均 GDP 的系数往负方向拉。

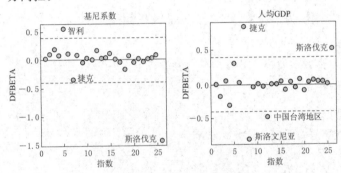

图 3.5　模型 1 中人均 GDP 及基尼系数的回归系数的 DFBETA 标记图

　　DFBETA 对于理解一个案例对哪个自变量存在权势非常有用，但是由于需要在每个变量上给每个案例一个单独的测量，当维度增多时（即自变量增加时），这种测量显得非常繁杂。Cook's 距离，也被称做 Cook's D，通过提供一个单一指标，测量每个观察案例对于回归平面的总体影响，解决了这一麻烦（Cook，1977）。与 Cook's D 相关的其他方法还有 DFFIT（Belsley et al.，1980）、艾金森的调整 Cook's 统计量（Atkinson，1985）。这些方法一般会给出类似的结果（见 Draper & Smith，1998：214），因此我们主要关注最常用的 Cook's D。

某个观察案例的 Cook's D 为：

$$D_i = \frac{e_i'^2}{k+1} \times \frac{h_i}{1-h_i} \qquad [3.14]$$

其中 k 是自变量的个数。方程的前半部分包括该案例的标准化残差 e_i'，从而测量了差异度（discrepancy）。方程的后半部分包括帽子值 h_i，因而测量了杠杆效应。尽管 Cook's D 没有正式的统计显著性检验，但有大致的标准分界线。库克和威斯伯格（Cook & Weisberg，1999：358）建议要认真探测 $D_i > 0.5$ 的观察案例。基于查特吉和哈迪（Chatterjee & Hadi，1988）提供的与此相关的 DFFIT 测量的分界线，福克斯（Fox，1997：281）建议了一个取决于样本规模 n 和自变量数目 k 的分界线 $D_i > \dfrac{4}{n-k-1}$。这些分界线都是有用的，但它们并非总能成功地区分出问题案例，因此，没有什么可以替代对于相对差异度的认真检查。

Cook's D 标记图能够帮助我们确定观察案例对回归估计的总体影响的相对大小（Cook & Weisberg，1999：358）。另外一种选择是绘制一个由福克斯（Fox，1991：37—38）创制的"权势图"[11]。权势图的一个用处在于，它能够显示出决定权势大小的差异度及杠杆效应的相对权重。权势图是通过将学生化残差 e_i^* 作为纵轴，帽子值 h_i 作为横轴作图得到的。每一个案例由一个空心圆圈代表，圆圈的面积与 Cook's D 成比例。也就是说，圈越大，对应案例对回归平面的影响越大。

图 3.6 给出了模型 1 的 Cook's D 标记图和权势图。两个图中的异常案例都加了标签。斯洛伐克和捷克的高权势通过权势图中代表它们的较大圆圈展现得非常清楚，而且我

们可以非常清楚地看到，这两个案例的高权势，都是因为较大的差异度和杠杆效应相结合而导致的。我们还得注意，斯洛文尼亚对回归估计的影响同样比其他国家大得多。

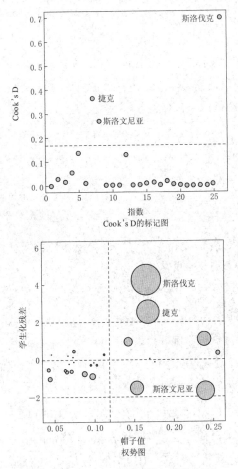

图 3.6　对模型 1 中各案例的权势进行评估

当权势案例相对较少时，Cook's D 对它们的甄别非常成功，但它有可能不能发现联合性权势案例（jointly influential observation),尤其是当这样的案例为数不少时。在这种情况下,有可能这些案例中的任何一个本身并没有高度异常的权势,因此也不会有很大的 Cook's D。如果联合性权势案例数量很少的话,Cook's D 仍然可以被用来甄别它们,方法是逐步删除这些权势案例并不断更新模型,且每次都检查一下 Cook's D。但这种方法在需要试探的次数很多时变得不切实际。因此,偏回归图,又叫新增变量图(added variable plots),要有用得多,至少在甄别对单个回归系数影响很大的观察案例上(Cook & Weisberg, 1999:360)。[12]

偏回归图和将所有案例标绘在图上的简单散点图很相似。不同的是,在偏回归图中观察案例呈现出来的模式表示的是 y 和 x 之间的偏关系(partial relationship),而不是边际关系(marginal relationship)。也就是说,偏回归图画的是控制其他自变量不变的情况下一个变量的效果。令 $y_i^{(1)}$ 表示除 x_1 外所有其他 x 对 y 的最小二乘回归的残差,$y_i = a^{(1)} + \hat{\beta}_2^{(1)} x_{i2} + \cdots + \hat{\beta}_k^{(1)} x_{ik} + y_i^{(1)}$。类似地,令 $x_{i1}^{(1)}$ 表示来自 x_1 对所有其他 x(而不是 y)的回归的残差,$x_{i1} = c^{(1)} + d_2^{(1)} x_{i2} + \cdots + d_k^{(1)} x_{ik} + x_i^{(1)}$。这两个方程决定着残差 $y_i^{(1)}$ 和 $x_i^{(1)}$ 是 y 和 x_1 在 $x_2, \cdots, x_k$ 的线性效应被移除之后剩下的部分。如果用来评价杠杆效应,残差 $y_i^{(1)}$ 和 $x_i^{(1)}$ 有三个极方便的属性:(1) $y_i^{(1)}$ 对 $x_i^{(1)}$ 回归的斜率就是多元回归中的最小二乘斜率 $\hat{\beta}_1$(也就是说,与偏回归斜率相等);(2) $y_i^{(1)}$ 对 $x_i^{(1)}$ 回归的残差恰好等于最初多元回归的残差,$y_i^{(1)} = \hat{\beta}_1 x_i^{(1)} + e_i$;(3) $x_i^{(1)}$ 的方差是控制所有其他 x 不变时 x_1 的条件方差。正是因为这些属性,以 $y_i^{(1)}$ 对 $x_i^{(1)}$ 作图就能同时反映案例对 $\hat{\beta}_1$ 的单独权势和联合权势。

模型 1 的偏回归图在图 3.7 中。可以看到,偏回归图更清楚地说明了捷克和斯洛伐克的权势,反映出它们一起将基尼系数的斜率拉向负方向,同时将人均 GDP 的斜率拉向正方向。换句话说,如果组合在一块,这两个案例的影响比它们各自单独的 Cook's D 显示的要大得多。

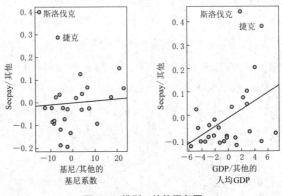

图 3.7　模型 1 的偏回归图

处理权势案例的一些策略

一旦在 OLS 回归中发现问题案例,就有几种选择:(1)审查一下这种偏差是不是通过重新编码或移除这些案例就可以解决的模型失效(model failure)的征兆;(2)转换一个变量(或多个变量)以矫正这个问题,尤其是碰到偏态分布时;(3)如果存在很多联合性权势案例,我们可以通过在模型中增加新的因素——要么是新变量,要么是已有自变量间的交互作用——来解决这些观察案例展现出来的异常模式;或者(4)使用一种更稳健、更能抵抗特异值干扰的方法。下面我们就将注意力转向各种稳健回归技术。

第**4**章

线性模型的稳健回归

现在我们来探讨各种稳健回归技术——包括那些有时被称为耐抗回归的技术,我们使用的是一种进化论的讨论方式,将分别解释各种新方法是如何来应对已有方法的局限性的。以下几种类型的回归将被讨论到:L 估计量(基于序次统计量的线性组合),R 估计量(基于残差的秩序),M 估计量(通过考虑残差的大小由位置的 M 估计扩展而来),GM 估计量(或者叫广义 M 估计量,通过给予高权势点和大残差点较小的权重对 M 估计量所做的扩展),S 估计量(这种估计将残差尺度的稳健 M 估计最小化),MM 估计量(同时基于 M 估计和 S 估计,以同时获得高的崩溃点和高的渐近效率)。其中有些方法已经被认为过时了,但我们仍会提供一般的描述,因为稳健回归技术的最新发展建立在它们之上。本章结尾时将讨论,稳健回归何以能够成为甄别问题案例的诊断方法。

第 1 节 ｜ *L* 估计量

　　任何由顺序统计量的线性组合计算而来的统计量都可以被归类为 *L* 估计量。第一个 *L* 估计程序比 OLS 略微稳定一些，是最小绝对值（LAV）回归。最小绝对值回归又被称为 L_1 型回归[13]，因为它将 L_1 标准（L_1-norm，即绝对离差之和）最小化，这种方法是最简单也是最早用来限制案例权势的稳健回归，比 OLS 回归还要早产生 50 年（Wilcox，2005：451）。最小二乘回归也满足 *L* 估计量的这一定义，因此有时也被称为 L_2 型回归，表示 L_2 标准（L_2-norm，离差平方和）被最小化。其他知名度比较高的 *L* 估计量还有最小二乘中位数估计量和最小截尾二乘估计量。[14]

最小绝对值回归

　　最小绝对值（Least Absolute Values，LAV）回归对带异常 *y* 值的观察案例有很强的抗扰力。它是通过将残差绝对值之和最小化来求解的。

$$\min \sum_{i=1}^{n} |e_i| = \min \sum_{i=1}^{n} \left| y_i - \sum x_{ij}\beta_j \right| \qquad [4.1]$$

LAV 可以被看做更一般的分位数回归的特例。在这种情况

下,需要最小化的目标函数可以被写成:

$$\sum_{i=1}^{n} \rho_\alpha(e_i) \qquad [4.2]$$

其中,

$$\rho_\alpha(e_i) = \begin{cases} \alpha e_i & \text{如果 } e_i \geqslant 0 \\ (\alpha - 1)e_i & \text{如果 } e_i < 0 \end{cases} \qquad [4.3]$$

而 α 是需要估计的分位数。有关分位数回归的一般应用,可以参考凯恩克和巴萨特等的作品(Koenker & Bassett, 1978; Koenker & d'Orey, 1994; Koenker, 2005)。而针对社会科学的应用,可以参考郝令昕与奈曼的著作(Hao & Naiman, 2007)[15]。

尽管 LAV 不像 OLS 那么容易受异常 y 值影响,但它无法处理杠杆效应(Mosteller & Tukey, 1977:366),因此其崩溃点 $BDP = 0$。另外 LAV 的估计效率相对较低。与平均值的情况一样,在 y 服从正态分布 $y \sim N(\mu, \sigma^2)$ 的假定下,OLS 回归中 y 的抽样方差是 σ^2/n;但对于 LAV 回归来说,是前者的 $\pi/2 = 1.57$ 倍,等于 $\pi\sigma^2/2n$(也就是说,只有 OLS 估计效率的 64%)。LAV 回归法不仅崩溃点低而且效率低,这使得它不如接下来要讨论的稳健回归方法有吸引力。

最小二乘中位数回归

最小二乘中位数法(Least Median of Squares, LMS)最先由鲁索(Rousseeuw, 1984)提出[16],它把 OLS 回归中的残差平方的总和替换为残差平方的中位数。估计结果是这样解出来的:

$$\min M\left(y_i - \sum x_{ij}\beta_j\right)^2 = \min M(e_i^2) \qquad [4.4]$$

其中 M 表示中位数。其想法是通过将总和替换为更稳健的中位数,使得最终的估计量能够更好地抵抗特异值。尽管这一目标达到了(它的崩溃点 $BDP = 0.5$),但 LMS 估计有非常重要的不足之处,以至于限制了它的广泛应用。它最好的相对效率也只有 37%(参见 Rousseeuw & Croux, 1993),另外,由于收敛速率只有 $n^{-1/3}$,它没有一个定义清晰的影响函数(Rousseeuw, 1984)。尽管有这些不足,后面我们仍将看到,LMS 估计在效率高得多的 MM 估计量的运算中扮演着非常重要的角色,它为后者提供了残差的初始估计。

最小截尾二乘回归

另一种由鲁索发展出来的方法是最小截尾二乘(Least Trimmed Squares, LTS)回归。LTS 回归由截尾均值扩展而来,通过最小化截尾残差平方和来求解。求解方程如下:

$$\min \sum_{i=1}^{q} e_{(i)}^2 \qquad [4.5]$$

其中 $q = [n(1-a)+1]$,是估计量运算过程中包含的观察案例数,α 是截尾了的比例。使用 $q = (n/2)+1$,可以确保估计量的崩溃点 $BDP = 0.5$。尽管具有极高的抗异常值干扰的能力,不过 LTS 回归的相对效率方面非常差,只有大概 8% 左右(见 Stromberg, Hossjer & Hawkins, 2000)。它的效率如此之低,甚至不适合作为单独的估计量。但它在其他估计量的计算中有着重要作用。例如,由寇克里和赫特曼斯伯格(Coakley & Hettmansperger, 1993)提出的 GM 估计量就是使用 LTS 来取得残差的初始估计的。LTS 残差还能被有效地用于特异值诊断作图,后面将会讨论到。

第 2 节 ▎*R* 估计量

　　R 估计量最先由贾克尔(Jackel，1972)提出，它们与基于序次化残差线性组合(即基于残差的秩)的离散程度度量紧密相关。令 R_i 代表残差的秩 e_i，*R* 估计量最小化的是秩化残差(ranked residuals)某种得分之和：

$$\min \sum_{i-1}^{n} a_n(R_i) e_i \qquad [4.6]$$

其中 $a_n(i)$ 是满足如下条件的单调得分函数：

$$\sum_{i-1}^{n} a_n(i) = 0 \qquad [4.7]$$

　　前人已经提出多种可能的得分函数。其中，最简单，可能也是用得最多的是威尔考克森得分(Wilcoxon Scores)，它直接寻找观察案例相对于中位数的秩：

$$a_n(i) = i - \left(\frac{n+1}{2} \right) \qquad [4.8]$$

　　中位得分是威尔考克森得分简单调整后的结果：

$$a_n(i) = \sin \left[i - \left(\frac{n+1}{2} \right) \right] \qquad [4.9]$$

　　范·德·瓦尔登得分(Van der Waerden Scores)以正态

概率密度函数的反函数 Φ^{-1} 对秩进行了修正：

$$a_n(i) = \Phi^{-1}\left(\frac{i}{n+1}\right) \qquad [4.10]$$

最后，有限正态得分（Bounded Normal Scores）根据一个常数 c 对范·德·瓦尔登得分进行了限定和修正。

$$a_n(i) = \min\left\{c, \max\left[\Phi^{-1}\left(\frac{i}{n+1}\right), -c\right]\right\} \qquad [4.11]$$

R 估计量相对于其他估计量（如 M 估计量及其扩展而来的各种估计量）的一个优点，在于它们具有尺度同变性。不过，它们也有一些不足之处。一个问题是，这些得分函数哪个最优并不清楚。另一个问题是，对于截距而言，它们的目标函数不具可变性。如果不需要截距的话，也就无所谓了——事实上就没有估计截距。即使有人需要截距，也可以在拟合了模型之后通过残差的中位数手工计算得到，因此这一点不足是可以克服的。更严重的问题在于多数 R 估计量的崩溃点 $BDP = 0$。一个特例是纳兰霍和赫特曼斯伯格（Naranjo & Hettmensperger，1994）的有限影响 R 估计量，它在高斯—马尔科夫假定满足的情况下效率也很高（90%—95%）。不过，即使对于这个估计量，它的崩溃点也从来没有达到超出 0.20 的水平。因此，我们先把 R 估计放在一边，接下来讨论其他更稳健的估计量[有关 R 估计更具体的内容，可以参见休伯等人的著作（Huber，2004；Davis & Mckean，1993；Mckean & Vidmar，1994）]。

第 3 节 | *M* 估计量

回归的 *M* 估计首先由休伯(Huber，1964，1973，2004)
提出，是位置的 *M* 估计的一种相对直接的扩展。它是首先对
最小二乘估计量的效率与 LAV 估计量的耐抗性进行折中整
合尝试的代表之一，后二者可以被看做 *M* 估计的特例。简单
地讲，*M* 估计量将残差的某种函数最小化。和位置的 *M* 估
计一样，估计量的稳健性取决于权重函数的选择。

如果线性、方差齐性及独立误差假定成立，那么 β 的最
大似然估计结果就等于使用最小化平方和函数求得的 OLS
估计：

$$\min \sum_{i=1}^{n} \left(y_i - \sum x_{ij}\beta_j \right)^2 = \min \sum_{i=1}^{n} (e_i)^2 \quad [4.12]$$

与位置的 *M* 估计一脉相承，稳健回归 *M* 估计量最小化
的不是残差平方和，而是另外一个递增速率较低的残差函数
之和：

$$\min \sum_{i=1}^{n} \rho \left(y_i - \sum x_{ij}\beta_j \right) = \min \sum_{i=1}^{n} \rho(e_i) \quad [4.13]$$

这个函数的解不具备尺度同变性，因此残差必须经过标准
化，而标准正是它们的尺度 $\hat{\sigma}_e$ 的某种稳健估计，这一估计是
同时完成的。和在位置的 *M* 估计中一样，中位绝对离差经常

被使用。计算方程 4.13 的导数,解出来之后即为得分函数:

$$\sum_{i=1}^{n} \Psi(y_i - \sum x_{ij}\beta_j/\hat{\sigma})x_{ik} = \sum_{i=1}^{n} \Psi(e_i/\hat{\sigma}_e)x_i = 0$$

$$[4.14]$$

且 $\Psi = \rho'$。这样,上式就变成了 $k+1$ 个方程形成的方程组,其中 Ψ 被替换为适当地随着残差增长而降低的权重:

$$\sum_{i=1}^{n} w_i(e_i/\hat{\sigma}_e)\mathbf{x}_i = 0 \qquad [4.15]$$

迭代再加权最小二乘法

求解回归的 M 估计必须使用迭代程序。仅仅一步是没法求出结果的,因为残差在建立模型之前根本就不可能知道,而估计结果在不知道残差之前也求不出来。因此,迭代再加权最小二乘法(Iteratively Reweighted Least Squares,IRLS)被用来解决这一问题[17]:

(1)设定迭代游标为 $I = 0$,此时对数据估计一个 OLS 线性回归,找到回归系数的初始估计 $\hat{\beta}^{(0)}$。

(2)从初始的 OLS 回归中算出残差 $e_i^{(0)}$,并用来计算初始权重。

(3)选择一个权数函数,并将之用于初始的 OLS 残差,产生出预备(preliminary)权数,$w(e_i^{(0)})$。

(4)第一次迭代,$I = 1$,用加权最小二乘法(Weighted least squares,WLS)最小化 $\sum w_i^{(1)} e_i^2$ 并且得到 $\hat{\beta}^{(1)}$。以矩阵的形式表示,如果 $\mathbf{W}$ 为代表个体权重的

$n \times n$ 对角矩阵,其解为:

$$\hat{\beta}^{(1)} = (\mathbf{X}^T \mathbf{W} \mathbf{X})^{-1} \mathbf{X}^T \mathbf{W} \mathbf{y} \qquad [4.16]$$

(5)程序将继续使用初始的 WLS 回归得到的残差计算新的权重,$w_i^{(2)}$。

(6)新权重 $w_i^{(2)}$ 将用在下一次 WLS 迭代中,$I = 2$,估计出 $\hat{\beta}^{(2)}$。

(7)第 4—6 步将被不断重复,直到 $\hat{\beta}$ 稳定在一次迭代结果上。

更一般地讲,q 次迭代每一次的解都是 $\hat{\beta}^{(I)} = (\mathbf{X}^T \mathbf{W}_q \mathbf{X})^{-1} \mathbf{X}^T \mathbf{W}_q \mathbf{y}$,其中 $\underset{(n \times n)}{\mathbf{W}_q} = \operatorname{diag}\{w_i^{I-1}\}$。迭代将一直持续,直到 $\hat{\beta}^{(I)} - \hat{\beta}^{(I-1)} \cong 0$。通常来讲,当估计结果的变化量不超过上一次迭代的 0.01% 时,解被认为是得到收敛。在第 6 章稳健广义线性模型部分,我们将更详细地讨论迭代再加权最小二乘法 IRLS。

根据 M 估计量的定义,它对重尾误差分布和不定误差方差——因而也对 y 特异值——具有耐抗性,不过它们仍然潜在地假定模型矩阵 $\mathbf{X}$ 不存在测量误差。但是在高斯—马尔科夫假定下,M 估计的效率达到 OLS 估计的 95%。[18]另外,虽然 M 估计量在面对回归特异值(即在给定各个 x 值情况下异常的 y 值)时的稳健性及抗扰能力上比 OLS 回归有所改进,但和 LAV 估计量一样,它们不是完全不受异常案例的影响,因为它们没有考虑杠杆效应。回想一下可以知道,位置的 M 估计高度稳健,拥有有界影响函数并且崩溃点取值 $BDP = 0.5$。回归的 M 估计分享了关于 y 的那些属性,而没

有继承关于 x 的那些属性,结果其崩溃点 $BDP = 0$。也就是说,在某些情况下它们的表现并不比 OLS 好(参见 Rous-seeuw & Leroy, 1987)。后面我们将会看到,因为它们在计算其他更稳健的估计量中的角色,这些估计量仍然非常重要。

第 4 节 | *GM* 估计量

　　M 估计量由于未能处理杠杆效应,因而不具备有界影响函数(Hampel et al. , 1986)。为了应对这一问题,有界影响广义 *M* 估计量(bounded influence Generalized *M*-estimator)被提了出来,其目标是产生出能够同时考虑垂直特异值和杠杆效应的权数。其中特异值经由标准的 *M* 估计量处理,而杠杆点则按照通常的方式根据各自的帽子值赋予较轻的权数。*GM* 族估计量的一般形式是这样定义的:

$$\sum_{i=1}^{n} w_i(\mathbf{x}_i) \Psi \left\{ \frac{e_i}{v(\mathbf{x}_i)\hat{\sigma}_e} \right\} \mathbf{x}_i = 0 \qquad [4.17]$$

其中 Ψ 为得分函数(和在 *M* 估计中一样,通常被叫做 Huber 或双权函数),权数 w_i 和 v_i 最开始取决于对数据拟合的初始 OLS 回归的模型矩阵 $\mathbf{X}$,然后在迭代中得到更新。

　　第一个 *GM* 估计量是马洛斯(Mallows)提出的(参见 Krasker & Welsch, 1982),它只包括 w_i 权数——也就是说方程 4.17 中 $v_i(\mathbf{x}_i) = 1$。权数 w_i 由帽子值计算而来。因为帽子值的取值范围为 0 到 1,所以权数 $w_i = \sqrt{1-h_i}$ 保证了杠杆效应高的观察案例得到的权重比杠杆效应小的案例小(即如果 $h_i > h_j$,则 $w_i < w_j$)[1]。这一处理策略初看起来似

---

　　[1]　原书有误,权数的字母应该是 w,而非原书的 v。——译者注

乎很有道理,但实际上是有问题的,因为即使与数据主体的模式一致的"好的"杠杆点的权重也被削减了,从而造成了效率的损失。

史威普(Schweppe)提出的解决办法(在汉斯金等人的著作中有介绍,参见 Handschin et al., 1975)是根据残差 e_i 的大小来对杠杆效应权数进行调整。为了得到这一结果,权数 w_i 的定义与马娄斯的一样, $w_i = \sqrt{1-h_i}$,但现在 $v_i(x_i) = w_i$ (见 Chave & Thomson, 2003)。尽管史威普估计量的崩溃点比没有考虑杠杆效应的常规 M 估计量的崩溃点要高,不过马荣娜、布托斯及约哈依(Maronna, Butos & Yohai, 1979)表明它的崩溃点从来没有高过 $1/(p+1)$,其中 p 为模型要估计的参数的个数。换句话说,随着维数(dimentionality)增加,模型的崩溃点将向 $BDP = 0$ 靠近。这尤其会带来麻烦,因为随着模型中的变量增加,对权势案例的探测却变得越来越困难。另外,因为它们没有考虑 y 值与数据主体的模式的一致程度就直接根据 x 值来削减案例的权数,使得估计的效率退化(参见 Krasker & Welsch, 1982)。其他证据还暗示史威普估计量在误差分布不对称时不具备一致性(Carroll & Welsh, 1988),这意味着它们对更常见的特异值出现在单侧的问题无能为力,而这正是本书主要关注的问题。

为了尝试解决这些问题,其他的 GM 估计程序则首先完全移除这些高度异常的案例,然后再对剩下的"好"案例应用 M 估计(Coakley & Hettmansperger, 1993; Chave & Thomson, 2003)。其中最值得一提的,应该算寇克里和赫特曼斯伯格的史威普一步估计(Schweppe one-step estimator, S1S),它由原始的史威普估计量扩展而来。这一估计量比原始估计量好的地方,在于它的杠杆权数考虑了观察案例与数据主体部分的一致性。换句话说,它考虑了观察案例是"好"的杠杆点还是"坏"的杠杆点,只给予后者较轻的权重。这样,在高斯—马尔科夫假定下,相对于 OLS,估计它有 95% 的效率。

S1S 估计量初始的残差和残差尺度来自于崩溃点更高的回归,而不像此前发展出来的 *GM* 估计量一样取自 OLS 回归。它使用鲁索的 LTS 估计来获得初始估计,从而使得崩溃点 *BDP* = 0.5。这种方法也不同于马洛斯和史威普估计,它在纳入来自 LTS 回归的原初估计后,只经过一步而非迭代的方式就计算出最终的 *M* 估计(因此被命名为"一步估计")。不过,尽管 S1S 估计量比其他 *GS* 估计量效率更高,在正态分布及大样本情况下甚至能够与 OLS 估计媲美,仿真研究显示,它们的效率在 *n* 很小时非常低(见 Wilcox,2005:438—440)。

第 5 节 | *S* 估计量

为了应对 *M* 估计量崩溃点过低的问题,有学者(Hampel,1975)建议考虑残差的尺度。按照这一思路,鲁索和约哈依(Rousseeuw & Yohai,1984,又见 Rousseeuw & Leroy,1987)提出了 *S* 估计。*S* 估计是使得残差离散性最小化的解:

$$\min \hat{\sigma}(e_1(\hat{\beta}), \cdots, e_n(\hat{\beta}))\qquad [4.18]$$

这显然可以和 OLS 进行比较,后者最小化的是残差的方差。因此,OLS 估计可以被看做 *S* 估计的特例,一个不那么稳健的特例。而稳健 *S* 估计最小化的不是残差方差,而是残差尺度的某种稳健 *M* 估计:

$$\frac{1}{n}\sum_{i=1}^{n}\rho\left(\frac{e_i}{\hat{\sigma}_e}\right)=b\qquad [4.19]$$

其中 b 为常数,定义为 $b = E_\Phi[\rho(e)]$,而 Φ 代表标准正态分布。求方程 4.19 的导数,并解出下式的结果:

$$\frac{1}{n}\sum_{i=1}^{n}\Psi\left(\frac{e_i}{\hat{\sigma}_e}\right)=b\qquad [4.20]$$

其中 Ψ 由某一合适的权数函数替代。和绝大多数 *M* 估计程序一样,Huber 权数函数或双权函数是经常被使用的。尽管

S 估计的崩溃点 $BDP = 0.5$，但代价是，它们的效率相对于 OLS 估计而言非常低（大概只有 30%）（Croux，Rousseeuw & Hossjer，1994）。

第 6 节 | 广义 S 估计量

克鲁克斯等人(Croux et al.，1994)提出了广义 S 估计 (Generalized S-Estimates，GS 估计)以试图解决原版 S 估计量的低效率问题。这些估计量是通过寻找残差的尺度的某种 GM 估计量而产生出来的。GS 估计量的一个特例是最小四分位差(Least Quartile Difference，LQD)估计量，这一估计量并行计算时用四分位差(interquartile range)来估计变量的尺度。LQD 估计量是这样定义的：

$$\min Q_n(e_1, \cdots, e_n) \qquad [4.21]$$

其中：

$$Q_n = \{|e_i - e_j|; i < j\}_{\binom{h_p}{2}:\binom{n}{2}} \qquad [4.22]$$

且：

$$h_p = \frac{n+p+1}{2} \qquad [4.23]$$

而 p 为模型中参数的个数。更简单地讲，这意味着 Q_n 是集合 $\left\{|e_i - e_j|; i < j\right\}$ 的 $\binom{n}{2}$ 个元素中的第 $\binom{h_p}{2}$ 个序次统计量(order statistic)。尽管这些估计量比 S 估计量更有效率，但带有"轻微增强的最差案例偏差"(slightly increased worst-case bias)(Croux et al.，1994:1271)。

约哈依和扎马尔（Yohai & Zamar，1988）的 τ 估计同样是通过将残差尺度的某种估计最小化来定义的，但其权重随着潜在的误差分布是自适应的，由此产生了崩溃点很高且效率很高的误差尺度估计。尽管如此，杠杆效应高的点并没有被考虑到，因此估计量的效率仍然受到阻碍。菲尔蒂等人（Ferretti et al.，1999）曾试图利用广义 τ 估计（generalized τ estimates）来解决这一不足，它使用的权重考虑到了杠杆效应高的观察案例，处理方式和由 M 估计扩展而来的 GM 估计得很像。这种方法具有很高的崩溃点（高达 0.5）和相对于其他 GS 估计更高的效率（尽管仍然只有 75%）。但是，相对于很多其他估计量，75% 的效率仍然太低，这限制了 S 估计作为单独估计量的应用。不过，因为它们对特异值具有很强的抗扰性，S 估计量在效率高得多的 MM 估计的运算中作用很大。

第 7 节 ｜ **MM 估计量**

MM 估计量最早由约哈依（Yohai，1987）提出，现已变得越来越流行，或许可以说是目前使用最多的稳健回归技术。它们同时具有高崩溃点（50%）和良好的效率（在高斯—马尔科夫假定下，效率约为 OLS 估计的 95%）。它的名称中"MM"指的是这种估计使用了一个以上的 M 估计程序来计算最终的估计。与 M 估计的情况一样，迭代再加权最小二乘法（Iteratively Reweighted Least Squares，IRLS）被用来求解最终估计。程序如下：

（1）系数 $\hat{\beta}^{(1)}$ 和对应残差 $e_i^{(1)}$ 的初始估计取自于具有高度耐抗性的回归（即崩溃点为 50% 的回归）。只要这一估计量具有一致性，不一定需要有效率。因此，带 Huber 权数或双平方权数的 S 估计（可以被看做 M 估计的一种形式）通常被用在这一阶段。[19]

（2）第一步初始估计所得残差 $e_i^{(1)}$ 被用来计算残差尺度的某一 M 估计，$\hat{\sigma}_e$。

（3）从第 1 步得到的残差 $e_i^{(1)}$ 的初始估计和从第 2 步得到的残差尺度 $\hat{\sigma}_e$ 的初始估计被用来进行加权最小二乘的第一次迭代，以确定回归系数的 M 估计：

$$\sum_{i=1}^{n} w_i (e_i^{(1)}/\hat{\sigma}_e) x_i = 0 \qquad [4.24]$$

其中 w_i 通常为 Huber 权数或双平方权数。

（4）使用初始 WLS 估计（第 3 步）的残差计算出新的权重 $w_i^{(2)}$。

（5）在保持第 2 步、第 3 步、第 4 步的残差的尺度不变的情况下，不断迭代直到收敛为止。

第 8 节 ｜ **各种估计量的比较**

表 4.1 总结了我们讨论过的多数估计量的一些稳健特性。给出的内容包括崩溃点,该估计量的影响函数是否有界,以及相对于 OLS 估计量的大概渐近效率。很明显,LAV 和 M 估计量的崩溃点相对较低,受数据具体形式的影响大,这两种估计量的表现有时甚至不比 OLS 估计量好。哪怕一个特异案例,就能使这些估计变得毫无用处。有限影响 R 估计量同样好不了多少,其崩溃点小于 $BDP = 0.2$。与其他估计量相比,这几者几乎可以忽略不计,至少从单独使用(时的功效)来看是这样。

表 4.1　各种回归估计量的稳健属性

估 计 量	崩溃点	有限影响	渐近效率
OLS	0	无	100
LAV	0	有	64
LMS	0.5	有	37
LTS	0.5	有	8
LTM	0.5	有	66
有限 R 估计	<0.2	有	90
M 估计(Huber, 双权)	0	无	95
GM 估计(Mallows, Schweppe)	$1/(p+1)$	有	95
GM 估计(SIS)	0.5	有	95
S 估计	0.5	有	33
GS 估计	0.5	有	67
广义估计	0.5	有	75
MM 估计	0.5	有	95

我们还需要注意那些效率很低的估计量,例如 LMS、LTS、LTM 和 S 估计。如果我们的目标在于保证耐抗性,而无需对总体进行推论,那这些估计量可能还是合适的。相反,如果对特异案例的性质不是很了解,那最好别使用这些估计量。盲目使用将会导致效率较低的估计,从而错过其他效率更高的可能选择。例如,如果误差服从正态分布,那使用 OLS 估计量将会好很多。

M 估计尽管崩溃点很低,但效率高仍是一个很好的属性。将其与耐抗性更高的其他估计量组合使用时,新估计量将同时具备较高的抗异常值干扰能力和更高的效率。例如,如果 M 估计使用的初始残差来自耐抗性高的 LTS 拟合,得到的就是 S1S GM 估计量,后者对残差特异案例及杠杆效应高的案例都具有很强的抗扰力,并能保持相对于 OLS 估计量 95％ 的效率。以 LMS 估计或 S 估计的残差来计算 M 估计,也能得到类似高效且稳健的 MM 估计量。

例子 4.1:仿真数据

现在我们回到最早在第 3 章介绍的那个包含各类特异值的仿真数据。我们对这三个"被污染"数据集都试探了六个不同的回归估计:一个 OLS 估计、一个 LAV 估计、一个 M 估计(使用的是 Huber 权数)、一个 GM 估计(确切地讲是 Coakley-Hettmansperger 估计量)、一个 S 估计,最后一个是 MM 估计。每个数据集的各种估计拟合线都呈现在图 4.1 中,图中标出了各"污染"案例。

首先来看垂直特异值的情况,不管使用何种回归方法,基本结论几乎都一样,至少从斜率系数来看是这样。事实上,除了 OLS 回归线在截距上偏离较远外,其他各方法的回归线几乎难分彼此。另外,尽管 OLS 截距稍微小于其他模型的截距——表明回归直线被拉向特异值,但也并非如此不同以至成为问题。存在“好”的杠杆点(B)时,各种估计彼此更为相像,除 LAV 估计线比其他直线稍高外,其他回归直线都重叠在一起。而在数据中存在“坏”的杠杆点(C)的情况下,各估计的差异较大,尽管最显著的差异在 OLS 估计和其他估计之间。如我们在第 3 章中看到的,OLS 回归直线被严重拉向特异案例。但是,没有一个稳健回归估计被特异值严重影响。因此,很清楚,在最后这种情形下应该选择更为稳健的方法。如果是前两种情况,该怎么办呢?(实际上)这两种情况下各种估计之间的差异很小。

为了回答这一问题,我们来看残差的分布,看 OLS 估计的精度是否受到了影响。回想一下就能知道,残差宽度较小时,OLS 估计的标准误是最小的。图 4.2 呈现了残差的分布情况,表明垂直特异值给 OLS 估计的标准误带来了问题(图 A)。相反,“好”的杠杆点的出现并没有影响残差的良好表现(图 B)。将图 4.1 和图 4.2 的信息综合到一块,表明 OLS 估计只适合于带好杠杆点的数据。既然所有稳健估计量得出的结论大体一样,那么在其他两种情况下,像 MM 估计量这样有效率的估计量就是最好的选择。

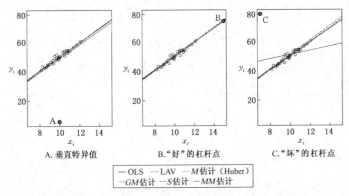

图 4.1　含 3 类特异值的人造数据的各种回归估计

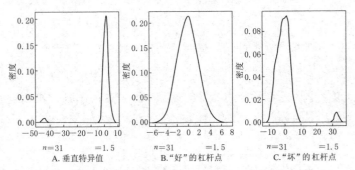

图 4.2　三个"被污染"数据集的 OLS 回归拟合所得残差的密度估计

例 4.2：预测公众态度的多元回归

下面我们回到跨国公众态度的数据，继续只关注那些新建立民主制度的国家和地区。在前面，我们使用了 OLS 模型，以人均 GDP 和基尼系数来预测公众态度。诊断和初步分析表明，模型在捷克及斯洛伐克被删除的情况下表现得更好（见表 3.2）。还记得如果包含所有案例，那么 OLS 模型中人均 GDP 的作用是显著的正作用（$\hat{\beta} = 0.0175$），而基尼系数的作用在统计上不显著（$\hat{\beta} = 0.00074$）。而在两个特异值被移除后，人均 GDP 的系数降到原来的 1/3，且统计上不再显著（$\hat{\beta} = 0.0063$）；相反，基尼系数的斜率变成了原来的 7 倍并且统计显著（$\hat{\beta} = 0.00527$）。

表 4.2 给出了对上述相同数据拟合几个稳健回归的结果。尽管它们之间有一些小的差异，但 M 估计量、MM 估计量以及 GM 估计量的结果从人均 GDP 和基尼系数的影响来看非常相似。这些方法得到的结果也与删除两个特异案例之后的 OLS 回归的结果相似。LAV 回归也很好地发现了基尼系数和公众态度之间的关系，但得到的人均 GDP 的效果要小很多。不过，这一变量的作用即便是在移除了特异值的 OLS 回归中也统计不显著。总的来讲，各种稳健回归方法在应对权势案例上，做得比一般最小二乘回归好得多。

表 4.2　公众态度数据的各种稳健回归估计——新建立民主制度的国家和地区

	LAV 回归	M 估计 (Huber)	M 估计 (双权)	MM 估计	广义 M 估计 (Coakley-Hattmansperger)
截距	−0.079	−0.063	−0.091	−0.097	0.939
基尼系数	0.0045	0.0039	0.0049	0.0051	0.0041
人均 GDP（千美元）	0.0059	0.0089	0.0052	0.0057	0.0065
n	26	26	26	26	26

回归诊断再考察——稳健回归相关的特异值探测法

上面的讨论展示了稳健回归在限制特异案例影响上的优点。将它们作为最终方法进行报告当然很合理，不过，它们也能被当做初步分析的诊断工具（见 Atkinson & Riani,

2000)。从这方面来讲,它们是对第 3 章讨论过的探测特异案例的传统技术的很好补充。

对于测量权势的指标(如 Cook's D)的批评之一,是它们不稳健。它们的计算基于样本均值及协方差矩阵,这意味着它们经常会遗漏特异值(见 Rousseeuw & van Zomeren,1990)。更具体地讲,Cook's D 容易受"掩盖效应"(masking effects)的影响,也就是说,如果存在一组权势点的话,它们会掩盖彼此的影响。我们已经知道,偏回归图在解决单个回归系数的掩盖效应上很有用处。而来自稳健回归的权数及残差信息则能在评估案例对回归的整体影响时帮助我们应对掩盖效应。

最终 IWLS 拟合权数标码图

将稳健回归当做诊断工具的直接方式之一,牵涉到最终 IWLS 拟合的权数。不过,不同模型的权数的意义不同,记住这一点非常重要。不同方法根据异常的类型(type of unusualness)给予观察案例的权数差别很大。对于 M 估计,关于权数我们唯一可以说的是,它们指示着在 OLS 拟合中残差的大小,也就是说案例是否为垂直特异案例。单独检查这些权数,并不能提供任何有关杠杆效应,因而也不能提供有关权势的信息,因为 M 估计在给出权重时根本不曾考虑这些因素。相反,GM 估计在削减权重时,同时考虑了案例在 OLS 回归中的残差和杠杆效应的大小,尽管此时对于权重的检查不允许我们对这两个方面进行区分。而来自 MM 估计的权数能够很好地指示案例对于回归整体的影响,因为这种估计的第一步具有很强的抗异常值扰动能力。

为评估来自各种稳健回归的权数的表现,将它们与对同
一数据进行拟合的 OLS 回归的库氏距离(Cook's Distances)及
其他特异值探测指标进行对比,能够提供很多有益的信息。
表4.3就包括这些信息。在第3章中,通过库氏距离确定捷克
和斯洛伐克为权势案例。所有稳健回归也都发现:对这两个
特异案例,赋给它们的权数要相对小得多。换句话说,权数的
大小表示着异常的程度:权数越小,观察案例越异常。

表 4.3 来自 OLS 回归及稳健回归的诊断信息

国家或地区	OLS 诊断统计			稳健回归最终权数			
	Cook's D	帽子值	学生化残差	M估计(Huber权数)	M估计(双平方权数)	MM估计	GM估计
亚美尼亚	0.0030	0.10	−0.27	1	0.81	0.87	0.35
阿塞拜疆	0.0011	0.10	−0.17	1	0.97	0.98	0.86
孟加拉国	0.0012	0.18	−1.13	1	1	1	1
白俄罗斯	0.0096	0.07	−1.63	1	1	1	1
巴西	0.0120	0.26	0.36	1	1	1	1
保加利亚	0.0011	0.07	0.21	1	0.82	0.88	0.38
智利	0.1350	0.24	1.14	0.72	0.55	0.72	0.18
中国	0.0005	0.073	0.13	1	1	1	1
克罗地亚	0.0073	0.063	−0.56	1	1	1	1
捷克共和国	0.3629	0.17	2.60	0.72	0	0	0.62
爱沙尼亚	0.0155	0.04	−1.00	1	0.85	0.89	0.40
格鲁吉亚	0.0011	0.07	−0.21	1	0.98	0.99	1
匈牙利	0.0273	0.098	−0.87	1	1	1	1
拉脱维亚	0.0093	0.07	−0.59	1	1	1	1
立陶宛	0.0040	0.04	−0.51	1	0.99	1	1
墨西哥	0.0003	0.17	0.06	1	1	1	1
摩尔多瓦	0.0038	0.112	0.295	1	0.96	0.97	0.84
尼日利亚	0.0504	0.14	0.95	1	0.89	0.93	0.47
罗马尼亚	0.0004	0.08	−0.11	1	0.91	0.94	0.55
俄罗斯	0.0189	0.09	−0.76	0.87	0.68	0.77	0.27
斯洛伐克	0.6990	0.17	4.32	0.17	0	0	0.05
斯洛文尼亚	0.2691	0.24	−1.66	1	0.99	0.99	1
中国台湾	0.1296	0.15	−1.50	1	0.96	0.97	0.80
土耳其	0.0011	0.05	0.26	1	0.89	0.93	0.46
乌克兰	0.0024	0.10	−0.26	1	0.83	0.88	0.38
乌拉圭	0.0059	0.07	0.46	0.95	0.65	0.78	0.24

来自表 4.3 的证据激发了我们对稳健回归权数制作带标签散点图的想法,就像对 Cook's D 所做的那样。图 4.3 中即做了这样的事。虽然说三种稳健回归方法都发现了这两个问题最严重的观察案例,但 GM 估计还给了另外 9 个案例小于 0.5 的权重,而其余方法给予其他任何案例的权数都不小于 0.7。前面已经说过,GM 估计的独特性,是因为它同时考虑了残差和杠杆效应的规模。

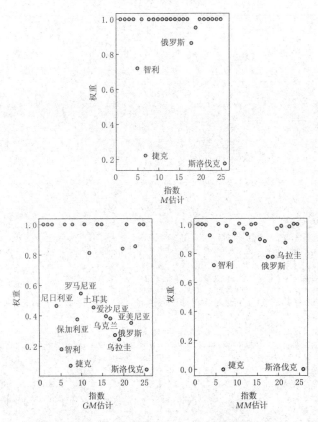

图 4.3 各种稳健回归估计 IWLS 拟合的最终权数标码图

RR 图("残差—残差"图)

　　根据鲁索和冯·佐默伦(Rousseeuw & van Zomeren,1990:637)的观点,在诊断异常值方面,稳健回归残差比 OLS 残差要好得多,因为 OLS 回归"试图产生正态模样的残差,即使数据本身并不正态"。根据这一思想,图基(Tukey,1991)绘制出了 RR 图("残差—残差"图),这一名字称呼的是一种散点图矩阵,它包括用 OLS 估计的残差分别对其他几种不同稳健回归的残差作出的多个散点图。如果 OLS 假定完全满足,那么 OLS 残差和其他所有稳健回归的残差之间将存在完美的正相关,且斜率等于 1[被叫做"同一线"(identity line)]。令来自第 j 个回归估计 $\hat{\beta}_j$ 的第 i 个残差为 $e_{ij} = y_i - \mathbf{x}_i^T \hat{\beta}_j$,那么,

$$\| e_i(\hat{\beta}_1) - e_i(\hat{\beta}_2) \| = \| \hat{y}_i(\hat{\beta}_1) - \hat{y}_i(\hat{\beta}_2) \| = \| \mathbf{x}_i^T(\hat{\beta}_1 - \hat{\beta}_2) \|$$
$$\leqslant \| \mathbf{x}_i \| (\| \hat{\beta}_1 - \beta \| + \| \hat{\beta}_2 - \beta \|)$$

$$[4.25]$$

这意味着,如果回归假定成立,随着 n 趋近于 ∞,围绕着同一线的散点将越来越紧。但如果存在特异值的话,斜率将不等于 1,因为 OLS 回归无法抵抗它们,而稳健回归却可以。

　　公众态度数据的 RR 图呈现在图 4.4 中。虚线为同一线;实线为纵坐标所示回归方法的残差对横坐标所示回归方法的残差的回归直线。第一列的几个图是最重要的,因为它们呈现了 OLS 残差对其他各种稳健回归残差的回归情况。所有这些图中的两条直线相差得都很远,这一事实表明,

OLS估计受到了特异值的严重影响。捷克和斯洛伐克在OLS回归中的残差小得多,意味着它们的权势非常大。再看其他的图,可以发现各种稳健回归的残差彼此十分相像,尤其是 MM 估计和 GM 估计,两者的残差几乎完全相等。

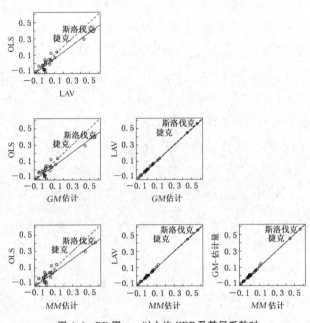

图 4.4 RR 图——以人均 GDP 及基尼系数对
公众态度进行回归(新建民主国家及地区)

稳健距离

我们也可以考虑只与一种稳健回归有关的诊断方法。例如鲁索和冯·佐默伦(Rousseeuw & van Zomeren,1990)认为,将稳健残差对稳健距离作图以探测复奇异点(multiple outliers)比传统方法更好,其中稳健距离建立在马氏距离

(Mahalanobis distance)基础之上，但定义时使用的是稳健协方差矩阵(关于这一话题的争论还可以参见 Cook & Hawkins，1990；Ruppert & Simpson，1990；及 Kempthorne & Mendel，1990)。因为这些诊断并不关系效率问题，所以耐抗性极高的 LMS 或 LTS 回归的残差被使用得最多。

所谓马氏距离测量的是一个观察案例 x_i 相对于由数据集 $\mathbf{X}$ 定义的所有数据点的中心的距离。定义如下：

$$\mathrm{MD}_i = \sqrt{(\mathbf{x}_i - \bar{\mathbf{x}})\,\mathrm{cov}\,(\mathbf{X})^{-1}\,(\mathbf{x}_i - \bar{\mathbf{x}})^T} \qquad [4.26]$$

其中 $\bar{x}$ 为 $\mathbf{X}$ 的重心，$\mathrm{cov}(\mathbf{X})$ 为样本协方差矩阵。由于特异值能够影响均值和协方差矩阵，因此它们不一定能够通过 MD_i 被发现。因此鲁索和冯·佐默伦的稳健距离 RD_i (1990)在定义时将 $\mathrm{cov}(\mathbf{X})$ 和 $\bar{\mathbf{x}}$ 替换为更为稳健的来自于最小体积椭圆体估计量(minimum volume ellipsoid estimator)的中心和协方差矩阵(更详细的内容请看 Rousseeuw，1985)。通常认为 $|e'| \geqslant 2.5$ 的标准化稳健残差是有问题的。[①]类似地，如果 RD_i 大于自由度与模型估计的参数个数相等的卡方分布的 0.975 分位点取值(percent point)，那么该稳健距离被认为有过高的杠杆效应。

公众态度数据的鲁索和冯·佐默伦的回归诊断图见图 4.5。图中和稳健距离相对的是来自 LTS 回归的标准化残差。尽管从稳健距离来看，没有一个案例有异常高的杠杆效应，但稳健残差显示有三个案例是特异值。与截至目前为止我们所做的其他分析一致，斯洛伐克和捷克是其中之二。第

----

① 本句中的不等式原书可能有错，绝对号应该加在变量上。——译者注

三个案例是智利，刚好超过了拇指规则定义的分界线一点点。

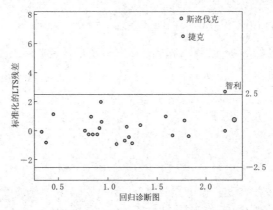

图 4.5　稳健残差（来自 LTS 估计）对稳健距离的散点图

和上面讨论过的方法一样，用来甄别特异案例的传统诊断图（第 3 章讨论过）也能扩展到稳健回归模型上。由于它们通常的解释方式和在 OLS 回归中的一样，这里就不再讨论了。关于这些诊断的更多信息，请参考麦基恩和希哲的著作（McKean & Sheather，2000）。与稳健回归相关的其他技术还可以参考冯荣锦或佩纳及约哈依的著作（Fung，1990；Pena & Yohai，1999）。

第 **5** 章

稳健回归的标准误

　　分析标准误（analytical standard error）很容易就能从某些类型的稳健回归中计算出来，但并非都是如此。[20]不过，即使能够计算分析标准误，对小样本来说它们也很不可靠。因此，常常需要使用自助法（bootstrapping）来计算标准误。所以这一章开始将简要讨论渐近标准误（asymptotic standard errors），然后再探索各种类型的自助标准误及置信区间。

第 1 节 | 稳健回归估计量的渐近标准误

分析标准误可以在 S 族和 M 族估计量(包括广义形式及 MM 估计量)中得到。这些估计量的渐近标准误(Asymptotic Standard Errors, ASE)都是由与最终 IRLS 拟合的系数对应的渐近协方差估计矩阵的对角线元素的平方根给定的, $V(\hat{\boldsymbol{\beta}}) = s_e^2 (\mathbf{X}^T\mathbf{W}\mathbf{X})^{-1}$ (Draper & Smith, 1998:575;还可参见 Hill & Holland, 1997 以及 Birch & Agard, 1993)[21],其中 $\mathbf{W}$ 为最终权数矩阵,s_e^2 为残差方差。残差的方差是这样定义的:

$$s_e^2 = \frac{1}{n-p}\mathbf{y}[\mathbf{W}^{-1} - \mathbf{W}^{-1}\mathbf{X}(\mathbf{X}^T\mathbf{W}^{-1}\mathbf{X})^{-1}\mathbf{X}^T\mathbf{W}^{-1}]y \qquad [5.1]$$

其中 p 为模型中的参数个数。这些估计结果在大多数统计软件的回归输出中都能找到。

如果样本规模 n 相对于要估计的参数个数足够大,渐近标准误(ASE)被认为是可靠的(Yohai, 1987)。但如果 n 很小(比方说小于 40),则难以信任(Li, 1985;Huber, 2004:164)。其他证据也表明:随着权势案例的增加,渐近标准误的可靠性将会衰减(Stromberg, 1993)。因此通常建议只在样本较大时才使用渐近标准误。而样本规模很小时,则可通过自助法获得另一种标准误或置信区间。[22]

第 2 节 | 自助标准误

自助法最早由埃夫戎(1979；又见 Efron, 1981)提出，它可以用来计算那些渐近标准误不那么容易求导或者作为使用条件的必要假定被违背的统计量的标准误及置信区间。自助标准误是通过反复从原始样本中抽样算出来的。尽管在 OLS 假定满足时自助回归并不可取——在这种情况下，OLS 估计是效率最高的无偏估计[23]，但如果假定没有得到满足，那么自助法将变得很有用。对稳健回归而言，当样本规模很小时，自助法最有用，因为在这种情况下渐进标准误不足为信。稳健回归的自助回归可以通过两种方式实现：随机 x 自助法(random-x bootstrapping)或固定 x 自助法(fixed-x bootstrapping)。

随机 x 自助法

随机 x 自助法是对数据集的观察案例进行再抽样。也就是说，它是从数据矩阵中抽取数据行。当回归量随机时，即每一个新的随机样本产生的结果应该不同，这是一种合适的做法，在大规模抽样调查数据中就是这样(Mooney & Duval, 1993:17)。假定一个只有一个自变量 x_i 和一个因

变量 y_i 的数据集。获取随机 x 自助标准误的步骤非常简单：

(1) 从原始样本数据 (x, y) 中回置性地随机抽取出 $B = 1, \cdots, R$ 个规模为 m 的样本 (x^*, y^*)。这 R 个样本被叫做自助样本，B。对于小样本，通常需要抽取 $R = n^n$ 个自助样本。对大样本来讲，抽取 n^n 个样本是不实际的（如，运算 1000^{1000} 个自助样本将会是一件愚蠢的事情），但 1000 个自助样本通常被认为是可以接受的。

(2) 对 R 个自助样本中的每一个都计算稳健回归估计 $\hat{\beta}_0^*$ 和 $\hat{\beta}_1^*$。

使用 $\hat{\beta}_0^*$ 和 $\hat{\beta}_1^*$ 的经验分布计算 $\hat{\beta}_0^*$ 和 $\hat{\beta}_1^*$ 的标准误，使用的推论方法和用于来自大总体的随机样本的经典方法一样。换句话说，自助标准误是由自助样本统计量的分布计算而来，而非来自该统计量未知的抽样分布。

固定 *x* 自助法

固定 x 自助法是当解释变量（即模型矩阵 **X**）被假定固定不变时，随机 x 自助法的一种可供选择的适当替代物。这种方法比随机 x 自助法相对复杂一些，它是对回归模型的残差进行再抽样（resamples the residuals）而不是对观察案例本身再抽样。它的程序如下：

(1) 将初始稳健回归的预测值 $\hat{y}_i$ 作为自助回归反

应变量的期望值。

（2）和通常一样，从回归模型计算出残差：$e_i = y_i - \hat{y}_i$。

（3）从残差 e_i 中回置性地随机抽取出规模为 n 的样本 $B = 1, \cdots, R$。和在随机 x 自助法中一样，自助 1000 次是通常的选择。再抽样得到的残差叫做 $\hat{e}_{B_i}^*$。

（4）将再抽样得到的残差 $\hat{e}_{B_i}^*$ 加到回归预测值上，得到固定 x 自助样本，$y_{\hat{\beta}_i}^* = \hat{y}_i + \hat{e}_{B_i}^*$，形成 R 套自助预测值。

（5）将 R 套自助预测值中的每一套都对固定模型矩阵 $\mathbf{X}$ 做回归，得到 R 套回归系数。

（6）从自助法复制得到的回归系数的经验分布产生出置信区间（或标准误）。

置信区间的构造

不管是使用随机 x 自助法还是固定 x 自助法，自助回归系数的平均值都是：

$$\overline{\hat{\beta}}^* = \hat{E}^*(\hat{\beta}^*) = \frac{\sum\limits_{B=1}^{R} \hat{\beta}_B^*}{R} \qquad [5.2]$$

$\hat{\beta}^*$ 估计的自助方差为：

$$\hat{V}^*(\hat{\beta}^*) = \frac{\sum\limits_{B=1}^{R}(\hat{\beta}_B^* - \overline{\hat{\beta}}_B^*)^2}{R-1} \qquad [5.3]$$

通常有三种类型的置信区间被考虑：正态论置信区间、

分位置信区间、误差修正分位置信区间。通过作图对自助分布进行检查有助于决定使用何种置信区间。

　　如果自助抽样分布的均值无偏，也就是 $\bar{\hat{\beta}}^{*} = \hat{\beta}$，那可以考虑正态论区间或分位区间。顺着很多统计量都服从渐近正态分布这一想法，当自助抽样分布为渐近正态分布时，正态论区间（normal-theory intervals）也就具有合理性。一个 $100(1-\alpha)\%$ 的置信区间按照标准方式计算，如下：

$$\beta = \hat{\beta} \pm z_{\alpha/2} S\hat{E}^{*}(\hat{\beta}^{*}) \qquad [5.4]$$

其中标准误的自助估计，$S\hat{E}^{*}(\hat{\beta}^{*})$，是自助抽样分布的标准差。

　　如果自助统计量的均值无偏而自助抽样分布非正态的话，选用分位区间更合适。这种区间的计算，首先需要将自助统计量从小到大排列：$\hat{\beta}^{*}_{(1)} \leqslant \hat{\beta}^{*}_{(2)} \leqslant \cdots \leqslant \hat{\beta}^{*}_{(R)}$。然后将置信区间限定在自助抽样分布的 $\alpha/2$ 和 $1-\alpha/2$ 分位，$\hat{\beta}^{*}_{(\alpha/2)} < \beta < \hat{\beta}^{*}_{(1-\alpha/2)}$，其中 $100(1-\alpha)\%$ 为设定的置信水平。

　　正态论置信区间及分位置信区间在自助估计无偏时效果良好，大样本时通常都是这种情况。如果估计量偏差相当大——小样本情况下很常见——那就必须进行调整。为达到这个目的，偏差修正置信区间（bias corrected confidence intervals）使用了一个包含两个纠正因子，Z 和 A 的正态化转换。Z 是这样定义的：

$$Z = \Phi^{-1} \left[\frac{\#^{R}_{b=1}(T^{*}_{b} \leqslant T)}{R+1} \right] \qquad [5.5]$$

　　其中 Φ 为标准正态密度函数，$\#^{R}_{b=1}(T^{*}_{b} \leqslant T)/(R+1)$ 是初始样本估计 $\hat{\beta}$ 下自助复制系数的修正比例。修正因子

A 定义如下：

$$A = \frac{\sum_{i=1}^{n} (T_{(-i)} - \overline{T})^3}{6 \left[\sum_{i=1}^{n} (T_{(-i)} - \overline{T})^2 \right]^{3/2}} \qquad [5.6]$$

其中 $T_{(-i)}$ 代表移除第 i 个案例的折刀法再抽样[24]的 T 值，是 n 个折刀值（jacknife values）的平均数，也就是，$\overline{T} = \sum_{i=1}^{n} T_{(-i)}/n$。偏差修正置信区间（confidence interval）BC 的上限和下限再按照下面的方程计算出来：

$$BC_{lower} = \Phi\left[Z + \frac{Z_{-z_{a/2}}}{1 - A(Z_{-z_{a/2}})} \right]$$
$$\qquad [5.7]$$
$$BC_{upper} = \Phi\left[Z + \frac{Z_{+z_{a/2}}}{1 - A(Z_{+z_{a/2}})} \right]$$

关于 BC 置信区间的更多细节，可以参见埃夫戎和提布希拉尼的合著（Efron & Tibshirani, 1993：第 14 章）以及戴维森和辛克利的书（Davidson & Hinkley, 1997：103—107）。

例 5.1：民主对收入不平等及人均 GDP 对公众态度的影响的影响

继续使用跨国公众态度的数据，这次我们对以基尼系数、人均 GDP 和民主制度解释公众态度的模型进行探索。初步的分析已经显示基尼系数和民主之间存在交互作用，因此我们在模型中纳入了这一交互项。诊断分析虽然在这里没有呈现出来，但我们发现：捷克和斯洛伐克仍然对回归估计着有异乎寻常的影响，这意味着稳健回归是 OLS 回归的很好的替代者。各种模型的回归系数及标准误都在表 5.1 中报告出来了。表中包含的估计分别来自于包含所有案例的 OLS 回归，两个特异值被移除的 OLS 回归、M 估计，以及 MM 估计。

尽管报告了稳健回归的渐近标准误，但它们并不足信，因为样本的规模太小（$n = 48$），因此，这里也报告了自助标准误。观察案例代表的是国家或地区（因而模型矩阵可以合理地被认为是固定的），所以这里使用固定 x 再抽样来计算自助置信区间。我们从初始稳健回归的残差中抽取了 1000 个自助样本。图 5.1 只给出了民主系数 M 估计的自助（残差）诊断图——一个直方图和一个自助分布的分位比较图。直方图中间的垂直虚线代表自助估计的均值，可以看出它和稳健回归的系数几乎完全相等（$\hat{\beta} = 0.374$）。也就是说，自助估计的结果是无偏的。而分位比较图表明分布稍偏重尾，但大体还是正态分布，这告诉我们应该使用分位置信区间。其他系数的回归诊断结果类似，因此，表 5.1 中所有自助标准误都是基于分位置信区间的结果。

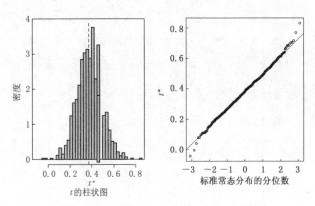

图 5.1 来自 M 估计稳健回归的民主系数的自助复本诊断图

表 5.1 对公众态度进行预测的 OLS 回归及稳健回归的估计及其标准误（全部国家和地区）①

	OLS(全部案例)		OLS(特异值已移除)		M 估计(Huber 权数)			MM 估计		
	$\hat{\beta}$	SE$(\hat{\beta})$	$\hat{\beta}$	SE$(\hat{\beta})$	$\hat{\beta}$	ASE$(\hat{\beta})$	自助标准误 (固定 X) $R=1000$	$\hat{\beta}$	ASE$(\hat{\beta})$	自助标准误 (固定 X) $R=1000$
截距	1.162	0.098	0.939	0.063	1.019	0.064	0.061	0.952	0.061	0.061
民主	0.114	0.182	0.467	0.115	0.374	0.119	0.112	0.475	0.113	0.119
基尼系数	−0.0006	0.002	0.0049	0.0016	0.0029	0.0016	0.0015	0.0046	0.0015	0.0015
人均 GDP/1000	0.0039	0.004	0.0005	0.002	0.0010	0.0025	0.0023	0.0002	0.0023	0.0024
民主×基尼系数	−0.0028	0.005	−0.010	0.002	−0.008	0.0003	0.0030	−0.011	0.0029	0.0030
n	48		46		48			48		

① 原书表格中最后一行案例数 n 排版错误，这里已经改正。——译者注

　　表 5.1 中最显眼的是 OLS 估计中两个特异值的持续有害影响。这两个特异案例存在时,OLS 回归系数没有一个统计显著。当它们被删除时,除了人均 GDP 仍然不显著外($p = 0.82$),其他系数都显著提高,并且都变得统计显著了(最大的 $p = 0.0032$)。两个稳健回归方法的差异也很明显。与前面的例子相反[①],在这里,我们发现:M 估计比 MM 估计更容易受特异观察案例影响。因为 M 估计在降低观察案例权重时仅考虑它们的残差,而未考虑杠杆效应。但捷克和斯洛伐克除了有大残差之外,还有很大的帽子值。这种过高的杠杆效应给 M 估计造成了麻烦,尤其是对基尼系数,M 估计中这一变量的效应要比不带特异案例的 OLS 估计和 MM 估计的小得多。而有限影响 MM 估计与不带两个特异案例的 OLS 估计结果几乎相同,这表明前者给予这两个特异案例的权数为 0。第三点值得注意的,是渐近标准误和自助标准误很相似。没有一个系数因为标准误的差异而严重影响到显著性的检验,从而表明渐近标准误用在这个例子里还不错。

　　为了更清楚地查看这些模型估计结果的差异,图 5.2 给出了 OLS 回归和 MM 回归的拟合值,它们呈现了民主和基尼系数之间的交互作用。要想计算这些预测值,需要将回归方程中的人均 GDP 设定为变量均值,但允许民主和基尼系数在各自的值域范围内变动。换句话说,这些回归拟合线呈现了一个人均 GDP 为典型值的国家的基尼系数和民主制度的联合效应。考虑到 OLS 回归中没有一个系数统计显著,因

---

　　① 原书为"contrary to the previous example"。实际上,M 估计未考虑杠杆效应,不具有界影响函数,而 MM 估计具有有界的影响函数,比 M 估计更稳健,尽管前面的例子中 M 估计和 MM 估计相差不大。——译者注

此拟合图呈现的效应模式并不明显也就不奇怪了。相反,在
MM 估计中,交互作用明显很强。对于传统的民主国家,随
着收入不平等(基尼系数)的提高,公众态度倾向于报酬平等
的程度有所下降。对于建立民主制度不久的国家和地区,情
况则恰恰相反。尽管方向不同,但基尼系数对新的和传统的
民主体都有很强的影响。

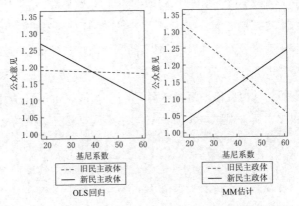

图 5.2　民主与基尼系数的交互作用对公众态度的影响的展示
——OLS 回归估计(含特异值)与 MM 估计

第**6**章

广义线性模型中的权势案例

广义线性模型（Generalized Linear Models，GLM）由一般线性模型扩展而来，以适应分布非正态的因变量，包括那些非连续因变量。本章开始部分将概要描述 GLM 模型。然后简单讨论在 GLM 中探测特异案例的诊断方法。最后将对稳健广义线性模型进行介绍，并为 logistic 模型和泊松模型提供了实际的例子。

第 1 节 │ 广义线性模型

　　这里我仅提供 GLM 的基本描述,并强调那些对于理解稳健广义线性模型所必需的信息。关于 GLM 的更丰富和具体的描述,可以参见麦卡拉和内尔德(McCullagh & Nelder,1989)关于这一话题的经典著作(关于 GLM 的一般论述,还可以参见其他著作,如 Dobson,1990;Fahrmeir & Tutz,2001;Lindsey,1997)。专门面向社会科学家讨论 GLM 的作品,在本丛书中就有三本(Gill,2001;Dunteman & Ho,2005;Liao,1994)。

　　还记得线性模型是这样表示的:

$$y_i = \sum_{j=1}^{k} x_{ij}\beta_j + \varepsilon_i \qquad [6.1]$$

其中 y 被假定与 x 线性相关,而误差项被假定相互独立,方差固定,并且服从正态分布。换句话说,线性模型代表的是给定各 x 的情况下 y 的条件均值:

$$\mu_i = \sum_{j=1}^{k} x_{ij}\beta_j \qquad [6.2]$$

广义线性模型放宽了这些假定,以对服从指数分布的因变量的条件均值进行预测,它的一般形式如下:

$$f(y_i; \theta_i; \varphi) = \exp\left[\frac{y\theta - b(\theta)}{a(\varphi)} + c(y, \varphi)\right] \quad [6.3]$$

其中 θ 为代表位置估计量的标准参数(canonical parameter),而 φ 为代表尺度的离散参数(dispersion parameter)。也就是说,GLM 允许 y 的分布服从众多不同的指数族外形:

$$y_i \mid x_i \sim \begin{cases} \text{高斯分布} \\ \text{二项分布} \\ \text{泊松分布} \\ \text{伽马分布} \\ \cdots\cdots \end{cases}$$

具体的指数族由方程 6.3 中的 a, b, c 确定。

线性关系假定在 GLM 中仍然存在,但是是相对于线性预测值(linear predictor)η 而非 y 本身:

$$\eta_i = \sum_{j=1}^{k} x_{ij}\beta_j \quad [6.4]$$

也就是说,方程 6.3 中的标准参数 θ 取决于线性预测值。更准确地讲,因变量的条件均值 μ_i 是通过某种转换与线性预测值连接在一起的,这种转换被称为连接函数(link function)$g(\cdot)$:

$$g(\mu_i) = \eta_i \quad [6.5]$$

连接函数必须是单调函数且可导(differentiable),能够取任意值(正的或负的),以保证 η 线性地取决于解释变量。当连接函数被设定为恒等连接(identity link)而分布被设定为高斯族(Gaussian family)时,拟合的模型即为 OLS 回归。其他任何连接函数得到的都是因变量 y_i 的期望值与自变量 x_{ij} 之

间的非线性关系。表 6.1 呈现了 GLM 框架涵盖的一些重要
分布族及对应的连接函数。

表 6.1　重要的指数分布族及相应的连接函数

分　布	μ 的值域	连接函数，(g)	
正态分布	$(-\infty, +\infty)$	恒等函数	$g(\mu) = \mu$
二项分布	$(0, 1)$	logit 函数	$g(\mu) = \log[\mu/(1-\mu)]$
	$(0, 1)$	probit 函数	$g(\mu) = \Phi^{-1}(\mu)$
泊松分布	$(0, \infty)$	对数函数	$g(\mu) = \log(\mu)$
伽马分布	$(0, \infty)$	倒数函数	$g(\mu) = \mu^{-1}$
	$(0, \infty)$	对数函数	$g(\mu) = \log(\mu)$

GLM 广义线性模型的最大似然估计，是通过把方程 6.3
看做参数 $\boldsymbol{\beta}$ 的某个函数求解出来的。通常来说，这意味着把
和 $\boldsymbol{\beta}$ 有关的对数似然函数（log-likelihood function）最大化：

$$l(\beta) = \log L(\boldsymbol{\beta}) = \log \prod_{i=1}^{n} f(y_i; \mu_i)$$

$$= \log \prod_{i=1}^{n} f(y_i; \mathbf{x}_i, \boldsymbol{\beta}) = \sum_{i=1}^{n} \log f(y_i; \mathbf{x}_i, \boldsymbol{\beta})$$

$$[6.6]$$

最大似然估计结果可以用 Newton-Raphson 法或迭代再
加权最小二乘法得到（见 Nelder & Wedderburn, 1972；Mc-
Cullagh & Nelder, 1989）。在对 GLM 模型的 IRLS 估计中，
因变量不是 y 本身，而是调整因变量 z，它是适用于 y 的连接
函数的线性化形式。我们先来定义第一次迭代的线性预
测值：

$$\hat{\eta}^{(0)}_{(n\times1)} = X^T_{(n\times p)} \beta^{(0)}_{(p\times1)} \qquad [6.7]$$

并同时从 $g^{-1}(\hat{\eta}^{(0)})$ 中得到初始拟合值 $\hat{\mu}^{(0)}$。然后我们定义

z 如下：

$$z^{(0)} = \hat{\eta}^{(0)} + \left(\frac{\partial \eta}{\partial \mu} \bigg|_{\hat{\mu}^{(0)}} \right) (y - \hat{\mu}^{(0)}) \qquad [6.8]$$

IRLS 中使用的二次加权矩阵（quadratic weight matrix）由下面的方程确定：

$$W_{(0)}^{-1} = \left(\frac{\partial \eta}{\partial \mu} \bigg|_{\hat{\mu}^{(0)}} \right)^2 V(\mu) \bigg|_{\hat{\mu}^{(0)}} \qquad [6.9]$$

其中 $V(\mu)$ 是在 $\hat{\mu}^{(0)}$ 时给定的方差函数。而 z 和 $W_{(0)}$ 都取决于当下的拟合值，因此需要一个迭代过程，以求出最终解。我们首先将 $z^{(0)}$ 对 x 做回归，相应权数为 $W_{(0)}$，得到新估计的回归系数 $\hat{\beta}^{(0)}$，以及由此而产生的线性预测值的新估计。通过使用新的 z 和 W 估计值，估计程序将持续下去，直到收敛为止，得到如下一般形式的标准方程：

$$\hat{\beta} = (X^T W X)^{-1} X^T W z \qquad [6.10]$$

其中 z 代表经连接函数变换的调整因变量，W 为最终权数矩阵。GLM 模型还能被拟似然估计（quasi-likelihood estimation）进一步扩展，这种估计在通常的连接函数设定基础上，允许对离散参数 φ 而非 y 的整个分布进行设定（更多细节请看 Wedderburn，1974）。

模型的偏差与最小二乘回归中的残差平方和的角色类似，它将当下研究的模型与相同数据的饱和模型 β_S 进行比较。对于案例数为 n 的数据，带 n 个回归系数的饱和模型能够完美地拟合该数据，意味着它达到了最高可能达到的似然值。这一饱和模型的似然值为比较其他非饱和模型的似然值提供了基准。偏差测量的正是所设模型与饱和模型的差

异程度。更确切地讲,它等于饱和模型的对数似然值与当下研究的模型的对数似然值之差的两倍:

$$D(\boldsymbol{\beta}, \mathbf{y}) = 2[\log L(\boldsymbol{\beta}_S)] - 2[\log L(\boldsymbol{\beta})] \qquad [6.11]$$
$$= -2[\log L(\boldsymbol{\beta})]$$

偏差在模型拟合程度的评估及模型参数的统计检验上扮演着重要角色,同时也提供了一种计算残差的方法,后者可被用来探测特异值。

探测广义线性模型中的特异案例

与在 OLS 回归中一样,异常案例同样能扭曲 GLM 的估计。对于某些模型,如二分类 logit 模型和 probit 模型,特异案例的影响通常没有那么严重,因为因变量本身就只能取两个可能值,但此类特异案例仍然有可能影响回归估计。对于其他模型,如泊松模型,高度异常的因变量取值更容易出现。因此,对特异值的探测在 GLM 中同样重要。很多用于 OLS 回归的诊断技术经过调整即可用于 GLM,其中用于探测特异观察案例的那些技术都很有效。

广义线性模型的残差

广义线性模型的残差有好几种定义方式。其中一些,包括回应残差(response residual),即观察值 y 与其预测值之差 $y_i - \hat{\mu}_i$;偏差残差(deviance residual),从模型偏差的案例成分(case-wise components)衍生而来;工作残差(working residual),加權最小二乘法最少一次迭代時的殘差。另外,還有學生化殘差的類似物(approximations of studentized residual)。本書最關心的是皮爾森殘差(Pearson residual),因為它們在很多穩健 GLM 模型中扮演着核心角色。皮爾森殘差就是經由期望值標準差尺度化的回應殘差:

$$e_{Pearson_i} = \frac{y_i - \mu_i}{\sqrt{V(\hat{\mu})}} \qquad [6.12]$$

關於各類殘差的相對優點的更多細節,可參見 Gill,2001。這些殘差都有各自的用途,但都難以同時適用於所有目標。

帽子值與槓桿效應

和 OLS 回歸一樣,GLM 模型中的槓桿效應也可以通過帽子值 h_i 進行衡量,它們來自於迭代過程中最後一次 IWLS 估計。不過,和在線性回歸中不同,GLM 模型中的帽子值同時取決於 y 值和 x 值。遵照普雷吉本的觀點(Pregibon,1981),帽子矩陣是這樣定義的:

$$\mathbf{H} = \mathbf{W}^{1/2}\mathbf{X}(\mathbf{X}^T\mathbf{W}\mathbf{X})\mathbf{X}^T\mathbf{W}^{1/2} \qquad [6.13]$$

其中 $\mathbf{W}$ 為來自 IWLS 擬合最後一次迭代的權數矩陣。這一帽子矩陣因為 $\mathbf{X}$ 被替換為 $\mathbf{W}^{1/2}\mathbf{X}$ 而不同於一般形式的 $\mathbf{H}$(方程 3.7)。如此處理使得 $\mathbf{y}$ 的方差可以有所變化,也正因如此,帽子值取決於 $\mathbf{y}$ 和 $\mathbf{X}$ 二者(參見 McCullagh & Nelder,1989:405)。

权势的评估

和在线性模型中一样,DFBETA 和库氏距离在探测广义线性模型中的权势值上大有用处。DFBETA 是在比较移除某个观察案例前后回归系数的差异的基础上计算出来的,$D_{ij} = \hat{\beta}_j - \hat{\beta}_{j(-i)}$,$i = 1, \cdots, k$。类似于库氏距离的权势测量指标在 GLM 中同样可得:

$$D_i = \frac{e^2_{Pearson_i}}{\hat{\varphi}(k+1)} \times \frac{h_i}{1-h_i} \qquad [6.14]$$

其中 $\hat{\varphi}$ 是模型离散度估计值,而 k 为模型中除截距以外其他待估参数的个数(见 Fox, 2002)。

第 2 节 ｜稳健广义线性模型

　　GLM 模型的稳健估计方法的发展远远落后于线性模型的稳健估计。虽然有几个早期的尝试试图使 logistic 回归更加稳健（如 Pregibon，1981；Copas，1988；Carroll & Pederson，1993；Bianco & Yohai，1996），但对于其他 GLM 模型的拓展仍然很少被考虑。即使在今天，也只有少数几款统计软件含有估计稳健 GLM 模型的程序，而且即使有，通常也仅限于 logit 模型和泊松模型。

GLM 模型的 *M* 估计

　　和线性模型一样，GLM 模型中使用最广泛的稳健方法在某种形式上也是基于 *M* 估计。与线性回归的早期 *M* 估计一样，GLM 模型的 *M* 估计的早期尝试同样面临影响函数无界这一问题（见 Stefanski，Carroll & Ruppert，1986；Kunsch，Stefanski & Carroll，1989）。通常，得到的估计量也不可取，因为它们具有 Fisher 不一致性（Fisher inconsistent）。[25] 不过近年来，已经发展出一些基于拟似然估计的一致性有限影响方法。其中之一由康冬尼和罗切蒂提出（Cantoni & Ronchetti，2001）。[26]

康冬尼和罗切蒂的估计量由对普赖瑟和卡基什(Preisser &
Qaqish,1999)的方程的拟似然广义估计推演而来:

$$\sum_{i=1}^{n} \frac{\partial}{\partial \beta} Q(y_i; \mu_i) = \sum_{i=1}^{n} \frac{(y_i - \mu_i)}{V(\mu_i)} \mu'_i = 0 \quad [6.15]$$

其中 $\mu'_i = \frac{\partial}{\partial \beta} \mu_i$ 和 $Q(y_i; \mu_i)$ 为拟似然函数。它的解是由下
列得分函数确定的 M 估计量:

$$\Psi(y_i; \mu_i) = \frac{(y_i - \mu_i)}{v(\mu_i)} \mu'_i \quad [6.16]$$

不过,这一估计量难以用于稳健回归,因为它的影响与 Ψ 成
比例,因而没有界限。

康冬尼和罗切蒂遵照马洛斯的 GM 回归估计的逻辑对
方程 6.16 进行了改进。还记得一般 M 估计量是如下方程
的解:

$$\sum_{i=1}^{n} \Psi(y; \theta) = 0 \quad [6.17]$$

或者,对于广义线性模型这一具体情况:

$$\sum_{i=1}^{n} \Psi(y; \mu) = 0 \quad [6.18]$$

其中 Ψ 提供了观察案例的权数。和线性模型的 MM 估计相
似,如果该函数为奇函数且有界,即意味着 $\rho(\cdot)$ 关于 0 对
称,那么该估计量的崩溃点 BDP 就等于 0.5。康冬尼和罗切
蒂是通过求解下面的方程达到这一点的:

$$\Psi(y; \mu) = v(y; \mu) w(\mathbf{x}) \mu' - a(\boldsymbol{\beta}) \quad [6.19]$$

其中,

$$a(\boldsymbol{\beta}) = \frac{1}{2} \sum_{i=1}^{n} E[v(y_i; \mu_i)]w(\mathbf{x}_i)\mu_i \qquad [6.20]$$

而 v_i 和 w_i 为同时考虑了相应案例的残差及帽子值的权数函数。对 Huber 函数的改造和使用保证了所获权数对特异 y 值具有稳健性:

$$v_i(y_i; \mu_i) = \Psi(e_i)\frac{1}{V^{1/2}(\mu_i)} \qquad [6.21]$$

仿照马洛斯提供的线性模型 GM 估计量, $w_i(x_i)$ 的一个可能选择是 $w_i(x_i) = \sqrt{1-h_i}$。不过,我们已经看到,这会导致过低的崩溃点,因此这里使用的是稳健距离的倒数(请参见第 4 章关于稳健距离的讨论)。最终的结果是一个有效率的估计量,具有有界影响,并且服从渐近正态分布。更重要的是,已有研究显示,当数据被污染时,从这种模型作出的推论比从一般 GLM 模型作出的推论要可靠得多(参见 Cantoni & Ronchetti, 2001)。

例 6.1: 预测 2001 年是否投票给英国工党的 logistic 模型

这一例子使用的数据来自 1997—2001 年英国选举跟踪研究(British Election Panel Study)(Heath, Jowell & Curtice, 2002)。我们只关注那些参加了 2001 年最后一轮调查的受访者。在清除缺失值后,最终分析样本的规模为 1421。我们的分析目标是评估工党领袖托尼・布莱尔对受访者在 2001 年英国大选期间是否投票给工党的影响。因变量为投

票给工党(编码为1)或其他党(编码为0)。对于布莱尔的
评价采用的是一个5分李克特题目,询问受访者对布莱尔
作为英国首相的表现的好坏评价(取值越高代表做得越
好)。分析中控制了年龄、性别、教育水平(本科及以上学
位、接受了部分高等教育、大学预科、高中、无)、社会阶层
(管理者/专业人员、常规非体力劳动者、自雇用者、体力劳
动者)和主观认知的社会经济地位的变化(五分量表,较高
的数字表示受访者认为自己的个人社会经济地位在过去五
年得到改善)。[27]对这一数据,我们同时拟合了常规 logistic
回归和稳健回归。

　　首先来评估(各案例在)常规 logit 模型中的权势。正如
我们在图 6.1 的 Cook's D 标号图中看到的,有好几个观察案
例对回归平面的相对权势很高。不过,通过进一步的诊断检
查,包括对每一个系数的 DFBETA$_i$ 的仔细检查,并未发现任
何明显的问题。换句话说,尽管一些案例整体上有着异常高
的权势,但它们似乎对所有系数都不存在严重影响,至少单
个看来是这样。考虑到这些案例整体的权势较高,我们仍然
尝试了一下稳健回归,看它能否给出与常规 logistic 回归不
同的结果。

　　表 6.2 给出了两个回归的结果。尽管出现了一些相对
权势较高的观察案例,但常规 logistic 回归的表现仍然很好。
事实上,这两个模型的主要结论极其相似——可以认为对于
布莱尔的评价深刻影响了受访者是否投票给工党。尽管对
于布莱尔的评价的系数在稳健 logistic 回归中稍微大些
(1.205∶1.127),但这两个系数之间的差异在统计上并不显
著。因此,对于这一数据,我们应该优先选择常规 logistic 回

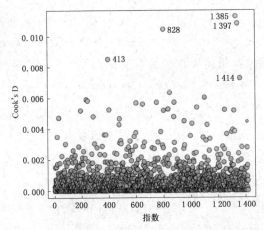

图 6.1　预测 2001 年是否投票给了英国工党的 logistic 模型的 Cook's D 标号图

表 6.2　预测 2001 年是否投票给英国工党的 logistic 模型

	最大似然估计 logit 模型		稳健 logit 模型	
截距	−5.15	0.468	−5.42	0.525
年龄	−0.003	0.004	−0.003	0.004
男	0.117	0.141	0.129	0.144
教育水平				
本科及以上学位	−0.372	0.269	−0.350	0.276
大学预科	−0.391	0.255	−0.321	0.261
高中	−0.190	0.181	0.163	0.187
部分高等教育	−0.462	0.235	−0.374	0.241
无	0	—	0	—
社会阶层				
管理者/专业人员	−0.055	0.184	−0.040	0.189
常规非体力劳动者	−0.271	0.193	−0.213	0.197
自雇用者	−0.548	0.259	−0.551	0.266
体力劳动者	0	—	0	—
主观认知的经济变化				
社会经济状况变化	0.496	0.087	0.476	0.090
自我经济状况变化	0.268	0.077	0.266	0.079
对布莱尔的态度	1.127	0.101	1.205	0.122
n	1421		1421	

归,因为它比稳健回归简单。这个例子非常典型地说明了特异观察案例很难对 logistic 回归平面产生严重的影响,因为因变量只能取两个值。不过,下面我们将看到,特异案例更容易对泊松回归产生严重影响。

例 6.2:对魁北克居民的自愿性组织成员资格进行解释的稳健泊松回归

这个例子使用的数据来自 2000 年加拿大平等、安全及社区调查(Canadian Equality, Security & Community Survey of 2000)。尽管该数据包括来自加拿大不同地区的受访者的信息,但这里仅将来自魁北克的受访者纳入分析($n = 949$)。因变量为受访者参加的自愿性组织的数量。自变量包括性别(妇女作为参照组)、出生在加拿大(参照组为"非出生在加拿大")、在家使用的语言(分为英语、法语及其他,法语被编码为参照组)。由于因变量为计数变量(且服从泊松分布),所以这里使用了泊松回归。我们既拟合了使用最大似然估计的常规广义线性模型,也拟合了使用拟似然估计的稳健GLM 模型。在讨论结果之前,我们先来看 OLS 回归的诊断图。

尽管我们进行了大量的诊断,但这里只报告了那些被发现存在潜在问题的案例。图 6.2 给出了"出生在加拿大"这一变量的库氏距离及 DFBETA$_i$ 的标号图。从库氏距离来看,大概有 10 个观察案例对回归的影响很大,其中两个尤其存在问题(案例 770 和 3773)。对于 DFBETA$_i$ 的分析表明,这两个案例对于"出生在加拿大"这一变量的效果的影响非常大,尽管从标号图中可以看到它们的影响方向相反。

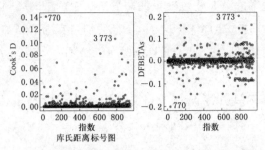

图 6.2 对魁北克居民的志愿性组织参与度进行解释的泊松模型的诊断图

表 6.3 给出了来自常规泊松回归和稳健泊松回归的结果情况。可以清楚地看到,在常规 GLM 模型中,是否出生在加拿大这一变量的系数受到了与数据主体模式不符的特异观察案例的影响。稳健回归模型中这一变量的系数达到常规 GLM 模型中的 10 倍。作用(系数)上的这种差异将导致非常不同的实际解释。如果是基于常规 GLM 模型,我们将得出结论认为:在控制其他变量的情况下,出生在加拿大的人与出生在其他地方的人在志愿性组织的参与上不存在差

表 6.3 对志愿性组织成员资格进行解释的泊松回归模型

	最大似然 GLM 模型			稳健 GLM 模型		
	$\hat{\beta}$	SE($\hat{\beta}$)	$e^{\hat{\beta}}$	$\hat{\beta}$	SE($\hat{\beta}$)	$e^{hat\beta}$
截距	0.586	0.077	1.79	0.120	0.095	1.13
男	0.079	0.045	1.08	0.084	0.053	1.09
生于加拿大	0.027	0.072	1.03	0.258	0.088	1.29
语言						
英语	0.357	0.061	1.43	0.537	0.068	1.71
其他	−0.014	0.094	0.98	0.079	0.112	1.08
法语	0	0	1.00	0	0	1.00
n	949			949		

异（$e^{0.0027} = 1.03$；$p = 0.71$）。相反,稳健回归告诉我们,平均而言,在其他变量固定不变的情况下,出生在加拿大的人参与的组织数要比出生在其他地方的人多 30%（$e^{0.258} = 1.29$；$p = 0.0035$）。

本章的两个例题都大有教益,原因有二:第一,泊松回归的例子清楚地表明 GLM 的估计能够被特异观察案例严重影响。基于常规 GLM 模型的结论与基于稳健 GLM 模型的结论大不相同。因此在这个例子里,报告稳健 GLM 模型结果更合理。第二,logistic 回归例子显示,即使存在大量权势很高的特异案例,稳健 GLM 模型的实际结论也并不一定有别于常规 GLM 模型所得出的结论。因为此时的因变量只能取两个值——因此残差通常不会特别大,对 logistic 回归来说,通常总是这样。在这种情况下,常规 GLM 模型因为比稳健 GLM 模型简洁而更受欢迎。但是,作为一种诊断工具,GLM 模型仍然值得探测。

第**7**章

结 论

　　本书特别强调探测和恰当处理回归分析中特异案例的重要性。书中的经验示例表明，如果此类案例未被察觉，它们将严重扭曲回归估计。书中还提供了一些证据表明，垂直异常值，更一般地讲，重尾分布将降低回归估计的精度。这些问题同时适用于采用 OLS 估计以及更为一般的 GLM 估计所拟合的模型，这进一步突出了回归诊断的重要性。在本书中，我们还对一些用来探测垂直异常值、杠杆点，以及权势值的传统方法进行了介绍。通过组合起来使用，这些方法在识别经验例子中的问题观察案例时非常有效。

　　发现问题案例以后，有几种处理方式可供研究者考虑。最简单的"处理"就是直接将这些讨厌的案例从分析中移除。如果有很好的理由这样做，比如某个案例被错误编码或者已知由于某种原因而非常独特，那么移除是很好的策略。然而，有时特异案例反映的是模型无法解释的系统性问题。这一点非常重要，因为它意味着特异案例并非总是等同于"坏"的数据。事实上，特异值很可能是数据中最具吸引力的部分。如果出现的异常观察案例很多，我们可以通过向模型添加新的因素来应对这种差异，这些因素可以是新的变量，也可以是既有变量之间的交互项。如果没有完全合理的理由支持我们对于特异案例的移除或者模型设置的改变，那么稳健回归技术就是合适的选择。

一方面，稳健回归的策略并非显著地区别于移除异常案例。两种策略的目标都是为数据的主体部分寻找拟合最优的模型。关于这一点，有人可能会批评两者都会导致数据截除（truncation）偏差。换句话说，当我们尚不清楚这些异常案例是否真的是"被污染"数据时，将其移除或者降低其权重，都会使我们的回归估计有偏。我并不认同这一说法。使用统计模型是为了描述数据的一般模式，目的应该是从数据中讲述最具可能性的"故事"。因此，如果我们谈论的仅仅是由于一个或几个异常案例造成的 y 和 x 的关系，不管其在统计上显著与否，都是不合理的。这将是一个误导性的故事。相反，我们应当更加关注那些符合数据主体部分，而非少数特选案例的模式。当然，这并不表示我们可以不考虑特定观察案例异常的原因，就机械地报告稳健回归结果。事实上，我主张将这些方法主要作为诊断工具来使用，只有当我们确实无法解释这种异常性时，才靠它们来决定最终模型。

本书讨论了许多不同类型的稳健回归，尽管其中多数早期方法已经相当过时。介绍如此多的方法之所以必要，是因为新近方法都建立在早期方法的基础之上。考虑到我们的主要目标是克服特异案例对回归估计的影响，因此，应当选择那些崩溃点高且影响有限的估计量。许多早期的稳健回归方法，如 LMS、LTS、LTM 以及 S 估计，都符合这些标准。但这些方法在高斯—马尔科夫假定下效率很低。如果分析的目的在于从样本数据推论到作为其来源的更大总体，那我们还需要有效率的估计。基于 M 估计的稳健回归模型就符合这一标准。但是,原始的 M 估计并不具备很强的抗扰性。它们的崩溃点是 0,这意味着仅仅一个(特异)观察案例就能严重影响其估计效果。

幸运的是,广义的 M 估计将高抗扰性和高效率结合了起来。这些估计量是这样达到该属性的:首先通过具有高抗扰性的模型(如 LMS、LTS、LTM 或 S 估计)找到残差和/或其尺度的最初估计,然后将这些信息用于 M 估计后续阶段以使残差最小化。最重要的两个估计量是——至少在稳健回归被用于作出结论的最终模型时——寇克里和赫特曼斯伯格(Coakley & Hettmansperger,1993)的 GM 估计量,即我们所知道的一步史威普估计量和由约哈依(Yohai,1987)最先提出的 MM 估计量。前者虽然能最佳地处理杠杆点,但是它们在小样本中非常缺乏效率。相反,后者在多数条件下都表现得相当出色。不过,正如第 4 章所示,早期"抗扰性"有余但缺乏效率的估计量在稳健回归用做诊断工具时也能够起到重要的作用。

尽管崩溃点高的估计量具有明显的吸引力,但在使用时也要非常小心。一项针对这些技术的批评是,标准诊断方法在探测曲度或非线性方面存在问题(Cook,Hawkins & Weisberg,1992;McKean,Sheather & Hettmansperger,1993)。韦尔考克斯(Wilcox,2005)建议在使用高崩溃点的方法时,应该配合使用其他曲度探测效果更好的方法以对稳健回归进行补充。在这方面,非参数回归和广义可加模型(Generalized Additive Models,GAM)将会很有帮助。GAM 不在本书范围之内,但是我建议读者参考哈斯蒂与提布希拉尼的著作(Hastie & Tibshirani,1990),里面有关于这些模型的详尽讨论,福克斯也有好的入门介绍(Fox,2000a,2000b)。

我希望本书已清楚阐明我们不应盲目使用任何一种方法。除非数据非常好(换言之,残差服从正态并且没有特异值),由于数据形制不同,不同回归技术会给出截然不同的答案。明智的做法是在数据分析的准备阶段,就使用稳健回归方法和 OLS 及相关的诊断方法。将这些方法得出的系数简单对比,往往就能得知 OLS 回归的有效性。如果估计结果迥异,用稳健回归残差相对于 OLS 回归残差绘制而成的 RR图,能够显示出是哪些观察案例引发了差异。将这些诊断方法与传统方法,如库氏距离和 DFBETA 等相结合,将会很有帮助。最后,OLS 回归的相对效率和简易性表明,如果它确实能为数据中的模式提供相当好的刻画,那么选择使用它才是明智的选择。这些原则同样适用于(常规)GLM 回归和对应的更稳健的替代方法。

附 录

附录｜稳健回归的软件选择

本书呈现的所有统计分析都是用 **R** 软件（R Development Core Team，2006）完成的，它执行的是 **S** 语言。除了卓越的功能性和灵活性之外，**R** 软件也因其免费可得而具有很强的吸引力。你可以在 http：//cran.r-project.org 下载 **R** 软件的各种操作系统的版本。除了基本 **R** 软件配有的标准组件（或数据包）和推荐组件外，它还有很多附加数据包（在 **S** 语言中称为"库"），这些也是免费的。通过快捷的互联网，我们能方便地获取并在 **R** 软件内安装这些组件。

尽管本书使用的很多方法都可以在若干数据包中找到，但下面列出的这些非常有用。"MASS"包（Venables & Ripley，2002）包括 M 估计、S 估计及 MM 估计函数。"robustbase"包（Maronna et al.，2006）拥有各种不同稳健回归方法的函数（包括 MM 估计、LTS 估计，以及稳健广义线性模型）和基于稳健距离基础上的一些稳健诊断图。在其他数据包中，"car"包（Fox，2002）包括线性模型和广义线性模型的传统诊断函数。"boot"包（Davidson & Hinkley，1997，但由 Angelo Canty 撰写）提供了出色的一般自助函数，它们被用来产生前面报告的稳健回归自助标准误。"quantreg"包（Koenker，2005）包含用于拟合 LAV 回归的函数。最后，由韦尔考克斯(Wilcox, 2005)编写的免费 **R** 代码囊括了许多有用的稳健程序(robust routines),包括本书提到的 *GM* 估计量。本书全部案例所用数据和 **R** 代码都可通过本书的网址下载:www. sagepub. com/andersendata。

上面讨论的所有数据包在 SPlus 中也都能找到。SPlus 中最全面而丰富的稳健回归数据包是"robust"库,它可以用来拟合线性模型的 *M* 估计、MM 估计以及其他稳健估计。它同样可以用来拟合各种稳健的 GLM 模型,包括 Kunsch 等人(1989)的模型。"robust"包对 **R** 软件同样可用,但不同于其他上面提及的 **R** 包,使用它要向 Insightful(SPlus 的制造商)的支付许可费。

SAS 和 Stata 也有针对稳健回归的良好功能,尤其是各种 *M* 估计量和 *L* 估计量。SAS 的 PROGRESS 程序拥有进行 LMS 和 LTS 回归的程序,并且ROBUSTREG 程序(在第 9 版中最先出现)能够实现常用稳健回归技术的绝大多数,包括 *M* 估计、LTS、*S* 估计和 MM 估计。在 Stata 中,*rreg* 命令能够实现基于 *M* 估计的各种稳健回归,包括 MM 估计。而 *qreg* 命令能够用于 LAD 回归和 LAV 回归。自助标准误在 Stata 中则可以通过 *bsreg* 函数轻松计算得到。目前,稳健 GLM 回归在 SAS 和 Stata 中都还无法实现。

Gauss 软件也提供了各种稳健回归选择,包括 LAD(和分位回归,更概括地说),以及各种类型的 *M* 估计。在拟合稳健回归时,程序会自动提供自助标准误。尽管在稳健回归性能的扩展方面较为欠缺,LIMDEP 软件同样可以用来拟合 LAD, LAV 回归,以及一些 *M* 估计,并为这些估计提供自助标准误。任何一种稳健回归程序——不论是用于线性模型还是 GLM 模型——在 SPSS 中都不存在。

注释

[1] 通常是用 ϵ_n^* 而非 BDP 来表示崩溃点。这里我特意不使用 ϵ_n^*，以避免它与回归模型中的误差项相混淆，后者与崩溃点无关。

[2] 尽管关于崩溃点的讨论经常使用偏差（bias）的概念，但这里使用影响（effects）是为了避免与此前已经讨论过的偏差的一般统计学意义相混淆。如果影响很大的特异值并不是错误编码的结果，那么不管特异值对估计的影响多大，一个估计量仍然可以是无偏的——也就是说，重复随机抽样产生的该估计量的平均值将等于总体的参数。不过，这并不意味着该估计量是这个数据的一个好描述。

[3] 如果估计量满足这一条件，即被认为达到了 Cramer-Rao 下限（具体细节见 Cramer，1946）。

[4] 比克尔和莱曼（Bickel & Lehmann，1975）还建议了第五个条件。假定两个随机变量 X 和 Y。如果 X 随机地大于 Y——也就是说，对于任意 x 值，$F_X(x) \leqslant F_Y(x)$——那么作为位置测度，必须满足 $\theta(X) \geqslant \theta(Y)$。

[5] 尽管这是最常见的对截尾均值的定义，也曾有人提出过略有差异的估计量（见 Reed，1998；Kim，1992）。

[6] 休伯（Huber，2004）进一步指出，截尾均值的影响函数即使在剪除不对称时也能求导出来。

[7] 离散程度的度量是一种特殊的尺度测度，当 X 和 Y 都是对称分布，而 $|y|$ 的随机分布大于 $|x|$ 的随机分布时，$\tau(X) \geqslant \tau(Y)$（Kickel & Lehman，1976）。

[8] MAD 有时被错误地用来指称不太稳健的"相对均值的中位离差"。离均中位离差用得很少，因为当使用它的条件——单峰对称分布——满足时，标准差有用得多。

[9] 从第 6 章可以看到，在广义线性模型中并不是这种情况。

[10] 不过，在样本规模很大时，这一分界线难以确认任何观察案例，不管它们是否值得注意（Fox，1991）。

[11] 福克斯的权势图通过使用 R 组件包（car package for R）中的 influence. plot 功能很容易就能画出来（更具体的内容请看 Fox，2002:198）。

[12] 不要把偏回归图混淆为相似的偏残差图。后者在评估权势上没那么有效，但在区分单调和非单调的非线性上更胜一筹。关于偏回归图和偏残差图的相对优劣的更多内容，可以看福克斯的作品（Fox，1997）。

[13] LAV 其他的名字还有最小绝对离差（LAD）回归和最小绝对误差和

(MSAE)回归(Birkes & Dodge, 1993)。

[14] 因为使用有限而没有在本书中讨论的相关方法包括最小截尾中位数估计量(least-trimmed median estimators)和最小截尾差异估计量(least-trimmed difference estimator)。这两种估计量的崩溃点 $BDP = 0.5$，但它们的相对效率小于 67%。更多内容，可以看克鲁克斯或斯特龙伯格的作品(Croux et al. , 1994; Stromberg et al. , 2000)。

[15] 这些估计量有时也被叫做截尾均值估计量(trimmed-mean estimator)。它们也能被调整从而具有有限影响函数(见 De Jongh, De Wet & Welsh 1988)。

[16] 不要将 LMS 估计量混淆为西格尔(Siegel, 1982)的重复中位数(RM)。尽管很早以前就被当做稳健估计量，但 RM 估计量存在严重不足，它在高维问题下不具仿射回归同变性。也就是说，当自变量被重新尺度化或线性组合时，系数估计不能如预期的那样表现。由于这一限制，本文将不再进一步讨论。

[17] IRLS 也被称为迭代加权最小二乘法(Iterative Weighted Least Squares, IWLS)。

[18] 这里假定 Huber 权数的微调常量为 $c = 1.345$，双平方权数的为 $c = 4.685$。更多细节请看前面关于位置的 M 估计的讨论。

[19] 像 LMS 估计(Rousseeuw, 1984)和 RM 估计(Siegel, 1982)等其他方法也曾被提出来用于初始估计。

[20] 前面已经说过，稳健回归的标准误有时完全不同于更常使用的"稳健标准误"(robust standard errors)，后者常被用来校正未知的异方差模式。稳健标准误有很多熟知的名称，如 White 标准误、Eicker 标准误和 Huber 标准误，与其他更为一般的"三明治估计量"(sandwich estimators)一样，它们的运算过程中并没有对 OLS 回归本身做任何改变。如果想了解更多有关稳健标准误的一般知识可以参见 White, 1980。关于几种稳健标准误的表现的出色讨论，可以参见 Long & Ervin, 2000。

[21] 有关使用似然法计算标准误的描述可以看 Western, 1995，虽然简短但非常出色。

[22] 如果样本规模太小，自助法也会出现故障。切尼克(Chernick, 1999: 151)建议样本规模至少应该达到 30。另外，自助法也可能因为相依数据(dependent data)，或因为数据中存在相当比例的非随机缺失值而出现故障(见 Davidson & Hinkley, 1997: 37—54; Chernick, 1999: 102—105)。

[23] 如果样本规模很大，对线性模型采取自助法得到的标准误将和常规标准误接近。

[24] 折刀法再抽样的方式不同于自助法,它不是从数据中回置性地抽取随机样本,而是通过随机地移除一个案例来进行再抽样(通常进行 n 次)(更多细节可以参见 Davidson & Hinkley, 1997:113—118)。

[25] 一个 M 估计如果满足如下条件就被认为是条件性地 Fisher 一致(conditionally Fisher-consistent):

$$E_\beta[\Psi(y, x, \beta) \mid x] = \iint \Psi(y, x, \beta) P_\beta(dy \mid x) = 0$$

如果 x 的分布独立于 β,那么线性模型和广义线性模型的最大似然估计量就属于条件性的 Fisher 一致。

[26] R 软件 robustbase 库中的 glmrob 函数用的就是这种方法。

[27] 有关变量编码的详细信息参见 Aderson & Evans,2003。

参考文献

Andersen, R. and G. Evans. 2003. "Who Blairs Wins? Leadership and Voting in the 2001 Election. " *British Elections & Parties Review* 13:229—247.

Andrews, D. F. , P. J. Bickel, F. R. Hampel, P. J. Huber, W. H. Rogers, and J. W. Tukey. 1972. *Robust Estimates of Location*. Princeton, NJ: Princeton University Press.

Atkinson, A. C. 1985. *Plots, Transformations and Regression*. Oxford, England: Clarendon.

Atkinson, A. and M. Riani. 2000. *Robust Diagnostic Regression Analysis*. New York: Springer-Verlag.

Belsley, D. A. , E. Kuhn, and R. E. Welsch. 1980. *Regression Diagnostics*. New York: Wiley.

Bianco, A. M. and V. J. Yohai. 1996. "Robust Estimation in the Logistic Regression Model. " pp. 17—34 in *Robust Statistics, Data Analysis, and Computer Intensive Methods*, edited by H. Rieder. New York: Springer-Verlag.

Bickel, P. J. and E. L. Lehmann. 1975. "Descriptive Statistics for Nonparametric Models Ⅱ. Location. " *Annals of Statistics* 3:1045—1069.

Bickel, P. J. and E. L. Lehmann. 1976. "Descriptive Statistics for Nonparametric Models Ⅲ. Dispersion. "*Annals of Statistics* 4:1139—1158.

Birch, J. B. and D. B. Agard. 1993. "Robust Inferences in Regression: A Comparative Study. " *Communications in Statistics, Simulation and Computation* 22:217—244.

Birkes, D. and Y. Dodge. 1993. *Alternative Methods of Regression*. New York: Wiley.

Cantoni, E. and E. Ronchetti. 2001. "Robust Inference for Generalized Linear Models. " *Journal of the American Statistical Association* 96: 1022—1030.

Carroll, R. J. and S. Pederson. 1993. "On Robustness in the Logistic Regression Model. " *Journal of the Royal Statistical Society, Series B* 55:693—706.

Carroll, R. J. and A. H. Welsh. 1988. "A Note on Asymmetry and Robustness in Linear Regression. " *American Statistician* 42:285—287.

Chatterjee, S. and A. S. Hadi. 1988. *Sensitivity Analysis in Linear Regression*. New York: Wiley.

Chave, A. D. and D. J. Thomson. 2003. "A Bounded Influence Regression Estimator Based on the Statistics of the Hat Matrix. " *Journal of the Royal Statistical Society*, Series C(*Applied Statistics*)52:307—322.

Chernick, M. R. 1999. *Bootstrap Methods: A Practitioner's Guide*. New York: Wiley.

Coakley, C. W. and T. P. Hettamansperger. 1993. "A Bounded Influence, High Breakdown, Efficient Regression Estimator. " *Journal of the American Statistical Association* 88:872—880.

Cook, R. D. 1977. "Detection of Influential Observations in Linear Regression. " *Technometrics* 19:15—18.

Cook, R. D. and D. M. Hawkins. 1990. "Unmasking Multivariate Outliers and Leverage Points: Comment. " *Journal of the American Statistical Association* 85:640—644.

Cook, R. D. and S. Weisberg. 1982. *Residuals and Influence in Regression*. London: Chapman Hall.

Cook R. D. and S. Weisberg. 1999. *Applied Regression Including Computing and Graphics*. New York: Wiley.

Cook, R. D. , D. M. Hawkins, and S. Weisberg. 1992. "Comparison of Model Misspecification Diagnostics Using Residuals From Least Mean of Squares and Least Median of Squares Fit. " *Journal of the American Statistician* 87:419—424.

Copas, J. B. 1988. "Binary Regression Models for Contaminated Data. " *Journal of the Royal Statistical Society*, Series B 50:225—265.

Cramer, H. 1946. *Mathematical Methods of Statistics*. Princeton, NJ: Princeton University Press.

Croux, C. , P. J. Rousseeuw, and O. Hossjer. 1994. "Generalized S-Estimators. " *Journal of the American Statistical Association* 89:1271—1281.

Davidson, A. C. and D. V. Hinkley. 1997. *Bootstrap Methods and Their Application*. Cambridge, England: Cambridge University Press.

Davis. J. B. and J. W. McKean. 1993. "Rank-Based Methods for Multivariate Linear Models. " *Journal of the American Statistical Association* 88:245—251.

De Jongh, P. J. , T. De Wet, and A. H. Welsh. 1988. "Mallows-Type Bounded-Influence-Regression Trimmed Means. " *Journal of the Amer-*

ican Statistical Association 83:805—810.

Dietz, T. R. , S. Frey, and L. Karloff. 1987. "Estimation With Cross-National Data: Robust and Nonparametric Methods. " *American Sociological Review* 52:380—390.

Dobson, A. J. 1990. *An introduction to Generalized Linear Models*. New York: Chapman Hall.

Draper, N. R. and H. Smith. 1998. *Applied Regression Analysis*. New York: Wiley.

Dunteman, G. H. and M. R. Ho. 2005. *An Introduction to Generalized Linear Models*(Quantitative Applications in the Social Sciences, 07—145). Thousand Oaks, CA: Sage.

Efron, B. 1979. "Bootstrap Methods: Another Look at the Jackknife. " *Annals of Statistics* 7:1—26.

Efron, B. 1981. "Nonparametric Standard Errors and Confidence Intervals (With Discussion). " *Canadian Journal of Statistics* 9:139—172.

Efron, B. and R. J. Tibshirani. 1993. *An Introduction to the Bootstrap*. New York: Chapman Hall.

Fahrmeir, L. and G. Tutz. 2001. *Multivariate Statistical Modelling Based on Generalized Linear Models*. 2d ed. New York: Springer.

Ferretti, N. , D. Kelmansy, V. J. Yohai, and R. H. Zamar. 1999. "A Class of Locally and Globally Robust Regression Estimates. " *Journal of the American Statistical Association* 94:174—188.

Fox, J. 1991. *Regression Diagnostics: An Introduction*(Quantitative Applications in the Social Sciences, 07—079). Newbury Park, CA: Sage.

Fox, J. 1997. *Applied Regression Analysis, Linear Models, and Related Methods*. Thousand Oaks, CA: Sage.

Fox, J. 2000a. *Simple Nonparametric Regression*. (Quantitative Applications in the Social Sciences, 07—129). Thousand Oaks, CA: Sage.

Fox, J. 2000b. *Multiple and Generalized Nonparametric Regression*. (Quantitative Applications in the Social Sciences, 07—130). Thousand Oaks, CA: Sage.

Fox, J. 2002. *An R and S-PLUS Companion to Applied Regression*. Thousand Oaks, CA: Sage.

Fung, W. K. 1999. "Outlier Diagnostics in Several Multivariate Samples. " *Statistician* 48:73—84.

Gill, J. 2001. *Generalized Linear Models. A Unified Approach*(Quantitative Applications in the Social Sciences, 07—134). Thousand Oaks, CA: Sage.

Hampel, F. R. 1974. "The Influence Curve and Its Role in Robust Estimation." *Journal of the American Statistical Association* 69:383—393.

Hampel, F. R. 1975. "Beyond Location Parameters: Robust Concepts and Methods." *International Statistical Institute, Proceedings of the 40th Session* 46:375—391.

Hampel, F. R. E. Z. Ronchetti, P. J. Rousseeuw, and W. A. Stahel. 1986. *Robust Statistics: The Approach Based on Influence Functions*. New York: Wiley.

Handschin, E. , F. C. Schweppe, J. Kohlas, and A. Fiechter. 1975. "Bad Data Analysis for Power System State Estimation." *IEEE Transactions of Power Apparatus and Systems*, PAS-94, 329—337.

Hao, L. and D. Q. Naiman. 2007. *Quantile Regression* (Quantitative Applications in the Social Sciences, 07—149). Thousand Oaks, CA: Sage.

Hastie, T. J. and R. Tibshirani. 1990. *Generalized Additive Models*. London: Chapman Hall.

Hastie, T. , R. Tibshirani, and J. Friedman. 2001. *The Elements of Statistical Learning: Data Mining, Inference and Prediction*. New York: Springer.

Heath, A. , R. Jowell, and J. K. Curtice. 2002. *British Election Panel Study, 1997—2001: Waves 1 to 8 [computer file]*. 4th ed. Colchester, Essex, England: UK Data Archive [distributor], July 2002. SN: 4028.

Hill, R. W. and P. W. Holland. 1977. "Two Robust Alternatives to Least Squares Regression." *Journal of the American Statistical Association* 72:828—833.

Hoaglin, D. C. , F. Mosteller, and J. W. Tukey. 1983. *Understanding Robust and Exploratory Data Analysis*. New York: Wiley.

Hogg, R. V. 1974. "Adaptive Robust Procedures." *Journal of the American Statistical Association* 69:909—927.

Huber, P. J. 1964. "Robust Estimation of Location Parameters." *Annals of Mathematical Statistics* 35:73—101.

Huber, P. J. 1973. "Robust Regression: Asymptotics, Conjectures and Monte Carlo." *Annals of Statistics* 1:799—821.

Huber, P. J. 2004. *Robust Statistics*. Hoboken, NJ: Wiley.

Inglehart, R. et al. 2000. *World Values Surveys and European Values Surveys*, *1981—1984*, *1990—1993*, *and 1995—1997* (Data file and codebooks). Ann Arbor, MI: ICPSR.

Jaeckel, L. A. 1972. "Estimating Regression Coefficients by Minimizing the Dispersion of the Residuals." *Annals of Mathematical Statistics* 43: 1449—1458.

Jasso, G. 1985. "Marital Coital Frequency and the Passage of Time: Estimating the Separate Effects of Spouses' Ages and Marital Duration, Birth and Marriage Cohorts, and Period Influences." *American Sociological Review* 50:224—241.

Jasso, G. 1986. "Is It Outlier Deletion or Is It Sample Truncation? Notes on Science and Sexuality." *American Sociological Review* 51:738—742.

Jurečková, J. and J. Picek. 2006. *Robust Statistical Methods With R*. New York: Chapman Hall.

Jurečková, J. and P. K. Sen. 1996. *Robust Statistical Procedures: Asymptotics and Interrelations*. New York: Wiley.

Kahn, J. R. and J. R. Udry. 1986. "Marital Coital Frequency: Unnoticed Outliers and Unspecified Interactions Lead to Erroneous Conclusions." *American Sociological Review* 51:734—737.

Kempthorne, P. J. and M. B. Mendel. 1990. "Unmasking Multivariate Outliers and Leverage Points: Comment." *Journal of the American Statistical Association* 85:647—648.

Kenney, J. F. and E. S. Keeping. 1962. *Mathematics of Statistics*. 3d ed. Princeton, NJ: Van Nostrand.

Kim, S. J. 1992. "The Metrically Trimmed Mean as a Robust Estimator of Location." *Annals of Statistics* 26:1534—1547.

Koenker, R. 2005. *Quantile Regression*. Cambridge, England: Cambridge University Press.

Koenker, R. W. and Bassett, G. W. 1978. "Regression Quantiles." *Econometrica* 46:33—50.

Koenker, R. W. and V. d'Orey. 1994. "Computing Regression Quantiles." *Applied Statistics* 43:410—414.

Krasker, W. S. and R. E. Welsch. 1982. "Efficient Bounded-Influence Regression Estimation." *Journal of the American Statistical Association* 77:595—604.

Kunsch, H. R., L. A. Stefanski, and R. J. Carroll. 1989. "Conditionally

Unbiased Bounded-Influence Estimation in General Regression Models, With Applications to Generalized Linear Models." *Journal of the A-merican Statistical Association* 84:460—466.

Lawrence, K. D. and J. L. Arthur, eds. 1990. *Robust Regression: Analysis and Applications.* New York: Marcel Dekker.

Lax, D. A. 1985. "Robust Estimators of Scale: Finite Sample Performance in Long-Tailed Symmetric Distributions." *Journal of the American Statistical Association* 80:736—741.

Leger, C. and J. P. Romano. 1990. "Bootstrap Adaptive Estimation: The Trimmed-Mean Example." *Canadian Journal of Statistics* 18: 297—314.

Li, D. 1985. "Robust Regression." In *Exploring Data Tables, Trends and Shapes*, edited by D. Hoaglin, F. Mosteller, and J. Tukey. New York: Wiley.

Liao, T. F. 1994. *Interpreting Probability Models: Logit, Probit, and Other Generalized Linear Models* (Quantitative Applications in the Social Sciences, 07—101). Thousand Oaks, CA: Sage.

Lindsey, J. K 1997. *Applying Generalized Linear Models.* New York: Springer-Verlag.

Long, J. S. and L. H. Ervin. 2000. "Using Heteroskedasticity Consistent Standard Errors in the Linear Regression Model." *American Statistician* 54:217—224.

Maronna, R. A. , O. H. Butos, and V. J. Yohai. 1979. "Bias and Efficiency Robustness of General M-Estimators for Regression With Random Carriers." pp. 91—116 in *Smoothing Techniques for Curve Estimation*, edited by T. Gasser and M. Rosenblatt. New York: Springer-Verlag.

Maronna, R. A. , D. R. Martin, and V. J. Yohai. 2006. *Robust Statistics: Theory and Methods.* New York: Wiley.

McCullagh, P. and J. A. Nelder. 1989. *Generalized Linear Models.* 2nd ed. New York: Chapman Hall.

McKean, J. W, and S. J. Sheather. 2000. "Partial Residual Plots Based on Robust Fits." *Technometrics* 42:249—261.

McKean, J. W. , S. J. Sheather, and T. P. Hettmansperger. 1993. "The Use and Interpretation of Residuals Based on Robust Regression." *Journal of the American Statistical Association* 88:1254—1263.

McKean, J. W. and T. J. Vidmar. 1994. "A Comparison of Two Rank-Based

Methods for the Analysis of Linear Models. " *American Statistician* 48: 220—229.

Mooney, C. Z. and R. D. Duval. 1993. *Bootstrapping. A Nonparametric Approach to Statistical Inference* (Quantitative Applications in the Social Sciences, 07—095). Newbury Park, CA: Sage.

Mosteller, F. and J. W. Tukey. 1977. *Data Analysis and Regression: A Second Course in Statistics*. Reading, MA: Addison-Wesley.

Myers, R. 1990. *Classical and Modern Regression With Applications*. 2nd ed. Boston: Duxbury.

Naranjo, J. D. and T. P. Hettmansperger. 1994. "Bounded Influence Rank Regression. " *Journal of the Royal Statistical Society*, Series B (Methodological) 56:209—220.

Nelder, J. A. and R. W. M. Wedderburn. 1972. "Generalized Linear Models. " *Journal of the Royal Statistical Society*, Series A 135:370—384.

Newey, W. K. and K. D. West. 1987. "A Simple, Positive Semi-Definite, Heteroskedasticity and Autocorrelation Consistent Covariance Matrix. " *Economerica* 55:703—708.

Pena, D. and V. Yohai. 1999. "A Past Procedure for Outlier Diagnostics in Large Regression Problems. " *Journal of the American Statistical Association* 94:434—445.

Pregibon, D. 1981. "Logistic Regression Diagnostics. " *Annals of Statistics* 89:705—724.

Preisser, J. S. and B. F. Qaqish. 1999. "Robust Regression for Clustered Data With Applications to Binary Regression. " *Biometrics* 55: 574—579.

R Development Core Team. 2006. *R: A Language and Environment for Statistical Computing*. Vienna, Austria: R Foundation for Statistical Computing. ISBN 3-900051-07-0, URL http://www. R-project. org.

Ramsay, J. O. 1977. "A Comparative Study of Several Robust Estimates of Slope, Intercept, and Scale in Linear Regression. " *Journal of the American Statistical Association* 72:608—615.

Reed, J. F. 1998. "Contributions to Adaptive Estimation. " *Journal of Applied Statistics* 25:651—669.

Rousseeuw, P. J. 1984. "Least Median of Squares Regression. " *Journal of the American Statistical Association* 79:871—880.

Rousseeuw, P. J. 1985. "Multivariate Estimation with High Breakdown

Point. " pp. 283—297 in *Mathematical Statistics and Applications*, *Vol. B*, edited by W. Grossman, G. Pflug, I. Vince, and W. Wetz. Dordrecht: Reidel.

Rousseeuw, P. J. and C. Croux. 1993. "Alternatives to the Median Absolute Deviation. " *Journal of the American Statistical Association* 88: 1273—1283.

Rousseeuw, P. J. and A. M. Leroy. 1987. *Robust Regression and Outlier Detection*. New York: Wiley.

Rousseeuw, P. J. and W. C. van Zomeren. 1990. "Unmasking Multivariate Outliers and Leverage Points. " *Journal of the American Statistical Association* 85:633—639.

Rousseeuw, P. J. and V. Yohai. 1984. "Robust Regression by Means of S-Estimators. " *Nonlinear Time Series Analysis: Lecture Notes in Statistics* 26:256—272.

Ruppert, D. and D. G. Simpson. 1990. "Unmasking Multivariate Outliers and Leverage Points: Comment. " *Journal of the American Statistical Association* 85:644—646.

Ryan, T. P. 1997. *Modern Regression Methods*. New York: Wiley.

Siegel, A. F. 1982. "Robust Regression Using Repeated Medians. " *Biometrika* 69:242—244.

Stefanski, L. A. , R. J. Carroll, and D. Ruppert. 1986. "Optimally Bounded Score Functions for Generalized Linear Models With Applications to Logistic Regression. " *Biometrika* 73:413—424.

Stromberg, A. J. 1993. "Computation of High Breakdown Nonlinear Regression Parameters. " *Journal of the American Statistical Association* 88:237—244.

Stromberg, A. J. , O. Hossjer, and D. M. Hawkins. 2000. "The Least Trimmed Differences Regression Estimator and Alternatives. " *Journal of the American Statistical Association* 95:853—864.

Tukey, J. W. 1991. "Graphical Displays for Alternative Regression Fits. " pp. 309—326 in *Directions in Robust Statistics and Diagnostics*, *Part 2*, edited by W. Stahel and S. Weisberg. New York: Springer-Verlag.

Venables, W. N. and B. D. Ripley. 2002. *Modern Applied Statistics With S*. 4th ed. New York: Springer.

Weakliem, D. L. , R. Andersen, and A. F. Heath. 2005. "By Popular Demand: The Effect of Public Opinion on Income Inequality. " *Compara-*

tive Sociology 4:261—284.

Wedderburn, R. W. M. 1974. "Quasilikelihood Functions, Generalized Linear Models and the Gauss-Newton Method. " *Biometrika* 61:439—447.

Western, B. 1995. "Concepts and Suggestions for Robust Regression Analysis. " *American Journal of Political Science* 39:786—817.

White, H. 1980. "A Heteroskedasticity-Consistent Covariance Matrix Estimator and a Direct Test for Heteroskedasticity. " *Econometrica* 48: 817—838.

Wilcox, R. R. 2005. *Introduction to Robust Estimation and Hypothesis Testing*. New York: Elsevier Academic Press.

Wu, L. L. 1985. "Robust M-Estimation of Location and Regression. " In *Sociological Methodology 1985*, edited by N. Tuma. San Francisco: Jossey-Bass.

Yohai, V. J. 1987. "High Breakdown Point and High Efficiency Robust Estimates for Regression. " *Annals of Statistics* 15:642—656.

Yohai, V. J. and R. H. Zamar. 1988. "High Breakdown-Point Estimates of Regression by Means of the Minimization of an Efficient Scale. " *Journal of the American Statistical Association* 83:406—413.

译名对照表

α-trimmed mean	α 截尾均值
absolute deviation	绝对离差
absolute values of residuals	残差绝对值
adjusted dependent variables	调整因变量
asymptotic standard errors	渐近标准误
Best Linear Unbiased Estimators(BLUE)	最佳线性无偏估计量
Bias Corrected(BC) confidence intervals	误差修正置信区间
bisquare weights	双平方加权法
biweight	双权数
bootstrapped standard errors	自举标准误
bounded influence function	有界影响函数
bounded normal scores	有限正态得分
BreakDown Points(BDP)	崩溃点
canonical parameters	标准参数
conditional mean	条件均值
Cook's distances	库氏距离
deviance residuals	偏差残差
DFBETA	回归系数差异量
dispersion parameters	离散参数
Fixed-x bootstrapping	固定 x 自举法
Generalized Additive Models(GAM)	广义可加模型
Generalized Linear Models(GLMs)	广义线性模型
Gini coefficient	基尼系数
GM-estimators	广义 M 估计量
Huber estimates	休伯估计
infinitesimal perturbations	极微小扰动
influence	权势
InterQuartile Range(IQR)	四分位差
Iteratively Reweighted Least Squares(IRLS)	迭代再加权最小二乘法
Iteratively Reweighted Least Squares(IRLS)	迭代再加权最小平方法
jackknife resampling	折刀法再抽样

Least Absolute Deviations(LAD) regression	最小绝对离差回归
Least Absolute Values(LAV) regression	最小绝对值回归
Least Median of Squares(LMS) regression	最小二乘中位数回归
Least Quartile Difference(LQD) estimator	最小四分位差估计量
Least Trimmed Squares(LTS) regression	最小截尾二乘回归
leverage	杠杆效应
Mean Squared Error(MSE)	均方误
M-estimators	最大似然估计量
partial regression plots	偏回归图
pearson residuals	皮尔森残差
quadratic weight matrix	二次权数矩阵
quasi-likelihood estimation	拟似然估计
quasi-likelihood estimation	拟似然估计
random-x bootstrapping	随机 x 自举法
ranked residuals	秩化残差
relative efficiency	相对效率
Repeated Median(RM)	重复中位数
resampling	再抽样
resistance	抗扰性/耐抗性
RR-plots	残差—残差图
saturated models	饱和模型
scale equivariance	尺度同变性
simulated data	仿真数据
studentized residuals	学生化残差
trimmed-mean	截尾均值
univariate outliers	单变量特异值
variance-covariance matrix	方差—协方差矩阵
vertical outliers	垂直特异值

图书在版编目(CIP)数据

现代稳健回归方法/(加)罗伯特·安德森著;李
丁译. —上海:格致出版社,2019.8
(格致方法.定量研究系列)
ISBN 978 - 7 - 5432 - 3039 - 2

Ⅰ.①现… Ⅱ.①罗…②李… Ⅲ.①回归分析-研
究 Ⅳ.①O212.1

中国版本图书馆 CIP 数据核字(2019)第 155520 号

责任编辑 顾 悦

格致方法·定量研究系列
现代稳健回归方法
[加]罗伯特·安德森 著
李丁 译

出	版	格致出版社
		上海人民出版社
		(200001 上海福建中路 193 号)
发	行	世纪出版集团发行中心
印	刷	浙江临安曙光印务有限公司
开	本	920×1168毫米 1/32
印	张	5.5
字	数	107,000
版	次	2019 年 8 月第 1 版
印	次	2019 年 8 月第 1 次印刷

ISBN 978 - 7 - 5432 - 3039 - 2/C·223
| 定 | 价 | 38.00 元 |

格致方法·定量研究系列